青少年 科普图书馆

图说生物世界

凤尾蕨的表白：我是清洁工

——蕨类植物

侯书议　主编

U0395564

上海科学普及出版社

图书在版编目（ＣＩＰ）数据

凤尾蕨的表白：我是清洁工：蕨类植物 / 侯书议 主编. －上海：上海科学普及出版社，2013.4（2022.6重印）

（图说生物世界）

ISBN 978-7-5427-5594-0

Ⅰ. ①凤… Ⅱ. ①侯… Ⅲ. ①蕨类植物－青年读物②蕨类植物－少年读物 Ⅳ. ①Q949.36-49

中国版本图书馆 CIP 数据核字(2012) 第 271678 号

责任编辑 张立列 李 蕾

图说生物世界

凤尾蕨的表白 ：我是清洁工——蕨类植物

侯书议 主编

上海科学普及出版社

（上海中山北路 832 号 邮编 200070）

http://www.pspsh.com

各地新华书店经销 三河市祥达印刷包装有限公司印刷

开本 787×1092 1/12 印张 12 字数 86 000

2013 年 4 月第 1 版 2022 年 6 月第 3 次印刷

ISBN 978-7-5427-5594-0 定价：35.00 元

前　言

中国素有"蕨类王国"之称，你我都生活在"蕨类王国"之中，几乎每天都能见到蕨类植物，但是我们大多数人和蕨类植物之间就像是熟悉的陌生人，在很多情况下我们只知道它们的样子，却叫不上它们的名字，也不知道它们在植物中所属的类别。本书全面介绍蕨类植物，可以弥补这一遗憾。

蕨类植物有很多种，有被称为"蕨类之王"的桫椤，有和恐龙生活在同一个时代的荷叶铁线蕨，有生命力极其旺盛的九死还魂草，也有像清洁工一样可以清除土壤中重金属的蜈蚣草。它们之中有些可以作为神丹妙药，医治疾病，但也有极少数身藏剧毒，害人性命。

如果你掌握了识别它们的金钥匙，那么，它们将会为你带来意想不到的好处。

有很多好看的蕨类植物被当做盆景，放在了房间内，不但能起到美观的作用，还可以净化空气。或许你家里摆着的正是蕨类植物，但是你还不确定它是不是属于蕨类植物。

看过本书，如果你认出了它是蕨类植物，那说明你很有辨别力；

如果没有认出来,那也是情理之中的事,毕竟,蕨类植物也绝不是一天两天就能识别的!

　　此刻,让我们带着求知欲和一颗快乐的心一起走进蕨类植物的世界吧!

目 录

蕨类植物的演化史

蕨类植物的生物学分类

识别蕨类的钥匙

蕨类多功能

有毒的蕨类植物

蕨类有特色的代表

蕨类王国与蕨类之父

 **蕨类植物的演化史**

关键词：裸蕨植物、石松类、木贼类、真蕨类

导　　读：在大约四亿年前，也就是在志留纪末期和早泥盆纪的时候，蕨类植物的祖先——裸蕨植物就开始从海洋登陆到陆地上生活了。

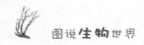

蕨类植物的祖先:裸蕨植物

地球上所有的生命都起源于海洋,当时,只有海洋里才会有水生动物和植物。陆地上除了高山和平原,什么都没有。

大约 4 亿年前,也就是在志留纪末期和早泥盆纪的时候,蕨类植物的祖先——裸蕨植物就开始从海洋登陆到陆地上生活了。

什么是志留纪呢? 它是早古生代的最后一个纪。

而什么又是古生代呢? 古生代包括了寒武纪、奥陶纪、志留纪、泥盆纪、石炭纪、二叠纪六个纪。其中寒武纪、奥陶纪、志留纪合称为早古生代;泥盆纪、石炭纪、二叠纪称为晚古生代。由于志留纪在古生代中排在第三位,所以就成为了古生代的第三个纪。志留纪开始于距今约 4.38 亿年,并一直延续了大概 2500 万年。志留纪被人为地分为早、中、晚三个世。

了解了志留纪以后,我们再说说泥盆纪吧!

泥盆纪距今约有 4 亿 ~3.6 亿年前,是晚古生代的第一个纪,它比志留纪晚一些。它从大约 4 亿年前开始,延续了大概有 4000 万年之久。由于当时地壳发生了剧烈的运动,导致了许多地区上升,最后露出了海平面,成为了高山和平地。因此,地理面貌与早古生代相比发生了很大的变化。在泥盆纪时期,蕨类植物生长得十分茂盛。同时,也出现了很多既能在水中遨游,又能在陆地上行走的两栖类动物。

当时,裸蕨植物从海洋中渐渐地登陆到陆地上,而且就此赖在陆地上不回去了。虽然,那个时候裸蕨植物在陆地上几乎没有什么同类。

不甘寂寞的裸蕨植物在陆地上到处繁衍生息,渐渐地裸蕨植物占领了大片的陆地。

裸蕨植物在陆地上生活得其实并不是那么好,毕竟它以前是生活在海洋当中的。从海洋到陆地需要一个适应的过程,在这个适应的过程当中,裸蕨植物最终还是没能完全适应陆地,以致逐渐地走向了灭亡。

到了石炭纪、二叠纪,蕨类植物终于取代了裸蕨植物在陆地上的地位。当时的蕨类植物主要有科达树、芦木和鳞木等。蕨类植物属于高等植物,也是高等植物中比较原始的一个种类。这种植物的生命力比较顽强,在温带和热带地区都能看到它的踪迹。

山中无老虎,猴子称霸王。裸蕨植物灭绝后,蕨类植物继承了裸蕨植物的江山,并迅速占领了裸蕨植物的所有地盘。

石炭二叠纪
泥盆纪时期

裸蕨植物

蕨类植物

于是，陆地上出现了很多高大的树木，遥遥望去，一片绿油油的景象。在这个时候，蕨类植物的时代悄悄到来了。

让蕨类植物意想不到的是，它们辛辛苦苦占领的地盘，在二叠纪晚期，又拱手让给了裸子植物。那时候，自然界的环境发生了翻天覆地的变化,曾经得意洋洋的蕨类植物在人多势众的裸子植物面前再也不敢神气了。

终于有一天,裸子植物宣布接收了蕨类植物的所有地盘。从此,蕨类植物的时代宣告结束了。

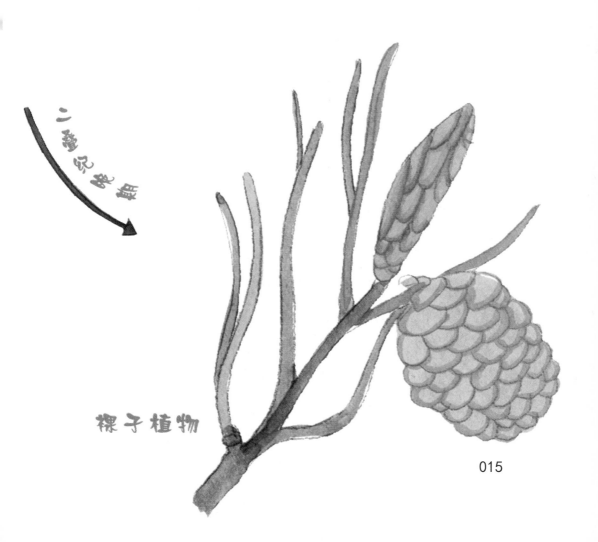

二叠纪晚期

裸子植物

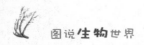

找不到祖先的裸蕨植物

蕨类植物的祖先是裸蕨植物,那么,裸蕨植物有没有祖先?如果有,它的祖先又是谁呢?裸蕨植物当然也是有祖先的,只是它们的祖先还真是不好找,因为既无化石可作佐证,也没有十分鲜明的线索证明蕨类植物是从哪个生物种类演变过来的。如此一来,关于裸蕨的祖先是谁? 难倒了一大批植物学家。

大多数的植物学家认为,藻类是裸蕨植物的祖先。至于裸蕨植物的祖先是哪一种藻类植物,意见各不相同。

一些植物学家认为:绿藻植物是裸蕨植物的祖先,主要是因为它们的叶绿素都相同,且含有淀粉一类的物质,而这些淀粉正是它们生长所需要的营养物质, 它们的游动细胞具有等长鞭毛的特征,这些特征都和绿藻有相似之处。

另一些植物学家认为:裸蕨植物的祖先是褐藻,他们给出的理由是——褐藻植物很神奇,因为它身体里不仅有孢子体和配子体同样发达的种类,还有孢子体比配子体更高级的种类,而且褐藻植物体结构十分复杂,并有配子囊,这些配子囊是由多细胞组成的,只有这样复杂的藻类，才更接近更复杂的蕨类。

还有一类植物学家认为：藻类是裸蕨植物和苔藓植物的共同祖先，因为它们两个是同时开始生长繁殖的。

经过很长时间的争论，植物学家始终都没有能够确定谁才是裸蕨植物真正的祖先。

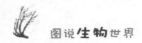

裸蕨植物主要的三类植物

　　虽然裸蕨植物不知道谁才是自己真正的祖先,但是裸蕨植物的分类却很清楚,即:石松类、木贼类和真蕨类。

　　我们知道,橘子树生长在淮河以南就是橘子树,生长在淮河以北就变成枳树了。橘子树结的橘子又大又甜,而枳树结的枳橘又小又酸。是什么导致了它们有那么大的差别呢?当然是环境啦!环境可以让同样的植物在不同的环境下变得不一样。裸蕨植物就是在不同的环境下,才分出了这三个不同的种类。

　　裸蕨植物十分聪明,在晚志留纪或泥盆纪搬到陆地上生活之后,就懂得如何利用环境更好地生活下去。一开始,裸蕨植物就试图去适应多样性的陆地生活。裸蕨植物不能改变生活环境,就开始不断地改变自己,向着有利于自己生活的方向分化和发展,就像人类为了适应环境,不得不从猿猴变成了现在的人。

　　提到人类的进化,其实,它和蕨类植物的进化也有相似之处。生物学家对比了人类和黑猩猩的基因组,发现人类和黑猩猩的基因的相似度居然高达98.8%,几乎没有什么区别。于是,专家们就大胆地推测：在动物的进化史上，人类和黑猩猩有着共同的祖先，因为它们居住的环境不同，才导致人类与猩猩朝着不同的方向进化。从进化的时间来看，黑猩猩算是人类的兄弟，而人类与猩猩、大猩猩就像是表兄弟一样。人类和黑猩猩的演化进程，可以拿来类比裸蕨植物的演化。

在漫长的历史过程中，裸蕨植物主要是沿着原始石松类→现代草本石松类、古代木本木贼类→现代木贼类和原始蕨类→真蕨类三条路线进行演化和发展的。也就是说，石松类、木贼类和真蕨类是同宗的三兄弟。

图为裸蕨。从生物进化的角度看，通常而言，进化总是从低级到高级发展，裸子植物的祖先是蕨类，蕨类的祖先是裸蕨，而裸蕨的祖先是谁，由于没有植物化石证据，至今仍不得而知。

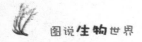

老大——石松类

为什么说石松植物在裸蕨类中排行老大呢？因为它的年龄最大，资历最深。石松植物是蕨类植物中最古老的一个种群，它们早在泥盆纪就已经出现了各种各样的类型，有草本的、木本的、两种孢子的等等。

石炭纪是石松植物生长最活跃的时代，但是到了二叠纪的时候就渐渐地变得稀少了。那些高大的木本植物类型，成为了早期森林中的主要家庭成员。但是由于地球自身的运动，地球表面开始发生变化，原来的陆地沉下去变成了海洋，原来的森林却被掩埋。这些成片的植物遗体，经过一系列复杂的变化，就变成了今天我们生活中所需要的煤炭。

到了中生代(距今约 2.5 亿年 ~6500 万年)末期的时候，石松类开始走向衰弱。到了今天，只留下了极少数的草本类型，而且大多数生长在炎热潮湿的地区。

石松类植物这一宗的代表植物就是刺石松，它是最原始的石松植物，在大洋洲志留纪地层中被植物学家发现。

简单点说,有一种刺石松浑身都长着不是很锋利的刺,好像警告别人不能靠近它,否则它就用刺来保护自己。这种刺石松叫作镰叶刺石松,顾名思义,它的叶子就像镰刀一样。有趣的是,当初科学家发现它时,它被印在了地层的石头中,看上去就像是一幅美丽的图画,真是令人赏心悦目。

老二——木贼类

我们人类分男女，有的植物也分男女，只是叫法不一样而已。对植物，我们习惯称为雌性和雄性，雌性木贼类植物长有颈卵器，可产生雌配子，又称卵；而雄性木贼类植物长有精子器，可产生雄配子，又称精子。

植物分类学中，等级制度非常严格，从大到小分别称为门、亚门、纲、目、科、属、种，就像部队里的师、旅、团、营、连、排、班一样，等级严明。

木贼类植物最早出现在泥盆纪，在石炭纪时期特别兴盛，当时一些种类可生长到 30 米高。木贼类属于绿色维管束植物类的一个纲。它们都是直立生长，茎里中空，什么都没有。它的根茎有节，从节上可以生出有根及鳞片状的小叶，被称为原叶体的配子体不但能够产生雄配子，而且还可以产生雌配子。

木贼类植物通常喜欢生长在山坡林下的小溪和河岸等潮湿的环境中，有时在杂草地也能看到它们的身影。

现在大概仅存 35 种了。

木贼

老三——真蕨类

真蕨类最早在泥盆纪和石炭纪、二叠纪的时候就已经出现,到目前为止已经大约有 2.25 亿 ~3.45亿年了。真蕨类植物一出现便生长得十分繁盛,最繁盛的时期在中生代。在这个时期,它的数量仅次于裸子植物,但这并不能阻挡它成为当时群类最繁盛的植物之一。

都说女大十八变,而古代生存的真蕨类植物和现代生存的真蕨类植物样子会不会有所变化呢? 不但有变化,而且变化很大,变得和以前完全不同了。

1936 年,植物学家在中国云南省的泥盆纪地层中发现有一种奇特的植物,它就是小原始蕨,可算得上是真蕨类植物的重要代表噢!

小原始蕨在体形上

和裸蕨植物、真蕨类植物有相似之处，科学家就推断，它很可能就是介于裸蕨类和真蕨类之间的一种植物。

至于后来发现的古蕨属，更加证明了科学家的推断，原来真蕨亚门和裸子植物门在系统发育上真的具有一定的联系。

植物学家认为，最早的裸子植物是通过古

蕨这一途径演化出来的。在二叠纪的时候,很多古老的真蕨类植物早就已经消失了。但是奇怪的是,在三叠纪和侏罗纪的时候,它们又演化成新的真蕨类植物,随着时间的推移,这些真蕨类植物具有真正的根、茎、叶,茎大多不是很发达,但它的枝叶长得却很大。

真蕨类植物呈现出草本、灌木或乔木状。除少数具有和乔木状一样的直立茎外,大多数具有横生的根状茎。而且,它们大多数都特别喜欢湿润而温暖的环境,有少数个性活泼的成员喜欢生在干旱的山坡或石缝中。但是令人遗憾的是,在科学家发现的化石中,只能找到真蕨类植物的叶子。

小原始蕨

 蕨类植物的生物学分类

关键词：蕨类植物分类、石松亚门、松叶蕨亚门、水韭亚门、楔叶亚门、真蕨亚门

导　　读：中国蕨类植物分类学家秦仁昌经过仔细研究，将蕨类植物分成五个亚门，即石松亚门、松叶蕨亚门、水韭亚门、楔叶亚门（木贼亚门）、真蕨亚门。

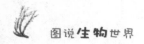

植物学家的分歧

　　最初对蕨类植物进行分类时,植物学家们意见并不一致,曾经把蕨类植物作为一个门,将它分为五个纲,即石松纲、松叶蕨纲、水韭纲、木贼纲、真蕨纲。前四个纲都是小叶型的蕨类植物,是一些比较原始而又古老的蕨类植物,存活到现在的为极少数。只有真蕨纲是大型叶蕨类,是进化比较完善的蕨类植物,也是现代生活中极其常见的蕨类植物,它们生长得比较繁盛。

　　后来,中国蕨类植物分类学家秦仁昌经过仔细研究,将蕨类植物分成五个亚门,也就是将上述的五个纲都提升为亚门,才有了现在的石松亚门、松叶蕨亚门、水韭亚门、楔叶亚门(木贼亚门)、真蕨亚门。这种蕨类植物分类方式得到了植物学界的广泛认同。至此,关于蕨类植物的分类方式才有了最终的答案。

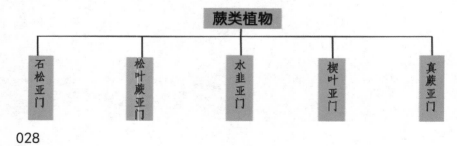

蕨类植物：石松亚门　松叶蕨亚门　水韭亚门　楔叶亚门　真蕨亚门

古老王子——石松亚门

石松亚门植物算是资历很老的植物了。它是生活在陆地上的，如今已具有了根、茎、叶的分化能力。不过，它的根为多次二分叉的须根；茎多数为二叉分枝。它们的叶子很小，且只有一条叶脉。

石松亚门在热带和亚热带都有分布，少数处于北半球温带，中国有五属。该植物在石炭纪的时候生长得特别繁盛，有高大乔木和草本，遗憾的是，在后来，它们中的绝大多数相继灭绝了，现存的只有石松目和卷柏目，它们同属草本类型。

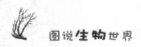

腐生王子——松叶蕨亚门

为什么把松叶蕨亚门称为腐生王子呢？因为松叶蕨亚门的蕨类植物都是腐生植物，喜欢附生在树干上或岩石上。

什么是腐生植物呢？意思就是指：这类植物通常从其他生物体，如尸体、动物组织或是枯萎的植物身上获得养分来维持自己生长，它们不能像其他植物一样进行光合作用，也不能自己制造有机养分。如此一来，这些腐生生物就像吸血鬼一样，只有靠吸取其他生物体的养分才能存活。

松叶蕨亚门属于较早搬到陆地上生活的陆生植物类群。它的孢子体没有真正的根，没有真正的根就像人没有了腿一样，这怎么能行呢？于是，在它的孢子体的根状茎上生长着毛状假根，有了"假腿"，它就可以直立在地上生长了。叶为小型叶，孢子同型，配子体雌雄同株，无叶绿体，故只能腐生。

松叶蕨亚门只有1目1科，即松叶蕨目松叶蕨科，包含松叶蕨属与梅溪属2个属。中国仅松叶蕨1种。澳大利亚、新西兰及南太平洋诸岛屿都能见到梅溪蕨的身影。

松叶蕨亚门的代表植物当属松叶蕨,松叶蕨虽然属于腐生植物范畴,却活得极其潇洒,长相也十分漂亮。它的枝条形态十分柔美,而且又小巧玲珑,属于娇小型的蕨类,十分惹人喜欢。松叶蕨虽然娇小,却是非常原始而古老的一种陆生高等植物,它喜欢生长在山上岩石缝或树干之上,在高高的空中,好像在向所有的生物展示着它亮丽的身姿!

松叶蕨

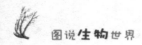

沼生王子——水韭亚门

有一种植物长得很像韭菜，它就是水韭亚门的植物，就是因为它的孢子体形状跟韭菜长得极其相似，又爱生活在有水的地方，所以就给它取名水韭亚门了。它的茎比较粗壮，但是很短小，呈块状；叶子的形状像是一个很长的锯，细长丛生，并且螺旋状地排列着；根却像小猫的胡须，为须状的不定根，还分成两个叉。它们需要在水中或沼泽地才能完成它的生活史。

什么是生活史呢？通俗地来讲，就是动物、植物、微生物在一生中所经历的生长、发育和繁殖等的全部过程。

水韭属能够存活到现在实在是不容易啊！它是水韭科中现在唯一还存在的孤儿，在分类上被列为拟蕨类，也就是小型叶蕨类。可是，它的结构不同于其他同类，如石松、卷柏、木贼。因为它的独特性，为植物学家们提供了很高的研究价值。

在我国，常见的水韭亚门中的植物有中华水韭。中华水韭是中国的一种特有的植物，现在已经被列为国家一级重点保护野生植物。为什么它这么珍贵呢？因为它是经第四纪冰川后幸存下来的一种植物,因为没有复杂的叶脉组织,科学家把它列为似蕨类。

中华水韭对环境很是挑剔,如果环境不适宜,它们就会不吃不喝,以至于无法继续生存下去。

上世纪 50 年代的时候,在我国长江以南地区的沼泽地还可以看到成片生长的中华水韭。而今,由于生态环境的恶化,这片曾经生长中华水韭的地方,已经很难找到它们的踪影了。

现在,在我国昆明、寻甸、平坝以及台湾地区的台北七星山梦幻湖等局部地区的小溪、沼泽地里还能见到数量极少的中华水韭。这些地区显然更符合中华水韭对于生长条件的苛刻要求——环境既不太干燥,也不过于潮湿。

作为稀有植物的中华水韭,对于研究整个蕨类植物的演化有非常重要的价值,因此保护好中华水韭也已成为十分重要的事情。

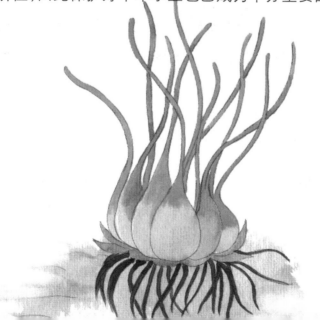

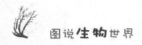

多能王子——楔叶亚门

楔叶亚门，还有另一个名字叫做"木贼亚门"，它们早在泥盆纪时期就出现了。为了和其他植物抢地盘，在石炭纪繁殖得十分神速。这一时期，也是整个蕨类植物最为繁盛的时代，当时乔木和草本楔叶类遍布全球。

俗话说得好："三十年河东，三十年河西。"到了三叠纪的时候，由于地壳自身的运动，地球气候发生了翻天覆地的变化，这就导致了大多数蕨类家族的成员相继死亡、灭绝。能够与大自然抗衡的只是极少数——那些曾经风光一时、高大挺拔、飒爽英姿的乔木类，成为不幸的"罹难者"，这与当时统治地球长达数亿年的巨型动物一样，无法逃脱灭绝的命运；而一些矮小、并不起眼的草本类植物却幸免于难。

大个子生物倒下了，小个子生物却安然度过灾难，这个问题值得人类思考。

在蕨类植物家族中，与自然抗争取得胜利的，是这些草本类的植物，其中，楔叶蕨亚门的木贼目就是这个家族的"幸运者"。

木贼目只有木贼科 1 科，问荆属和木贼属 2 属，目前可知的是，在全世界木贼目的植物总共有 25 种，中国大概有 9 种。能够代

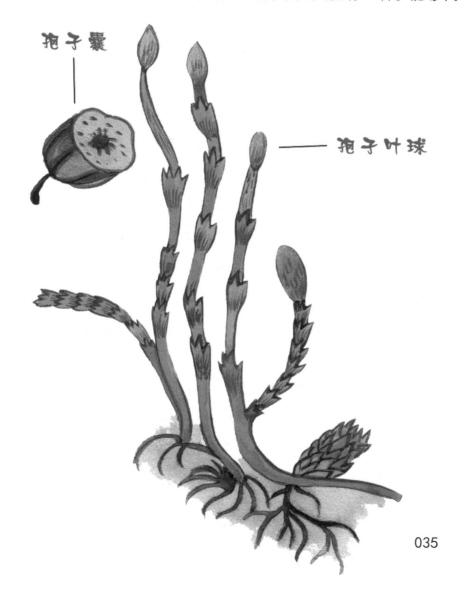

孢子囊

孢子叶球

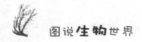
表楔叶亚门的有问荆和木贼。问荆分为营养茎和生殖茎。但木贼没有营养茎和生殖茎的分化。

楔叶类植物的茎很神奇，竟然可以一部分长在地下，另一部分长在地上。地上的茎一般不会超过 1 米。不过也有特殊的，可以达到1.2 米。茎的中间像竹竿一样是空心的。还有极其少数的楔叶类植物的茎能够进行繁殖，有的则不能。每年能进行繁殖的茎先从根状茎上萌发出来，呈现出淡褐色，不分枝，它的顶部长有一个孢子叶球，是长圆形的，在孢子叶球的中部，有一轮孢囊柄，像是孢囊的小勺子一样。孢子成熟以后就散落在地，茎就枯死了，但是它能再从根茎上生出绿色的营养茎继续维持着生命；而大多数种类的茎，生长一段时间之后，顶端能够形成圆球状的孢子叶球，而成熟的孢子散落在土壤当中可以继续生长。楔叶亚门的孢子长着 4 条带状的弹丝，它们小的时候像被褓襁包裹着的婴孩一样包裹着孢子，成熟的时候再弹开，起到帮助花粉传播的作用。

如果你的金属制品生锈了，或者木制的玩具不光滑了，我们就可以找它帮忙了。因为楔叶亚门的茎干可用作金工、木工的磨光材料。有些种还可以吸收和积累矿物质，成为探矿的指示植物。中国民间曾用全草入药，有利尿、止血、清热、止咳的功效。这才有了"多能"王子的美名。

繁盛王子——真蕨亚门

谁才是蕨类植物中最繁盛的一个群体呢？当然要数真蕨亚门了。真蕨亚门植物的孢子体十分发达，而且它们神通广大，还能够进行根、茎、叶的分化。有点遗憾的是，它们的根为须状的不定根。

有一小部分真蕨亚门植物的根状茎是直立的树状茎，比如树蕨、苏铁蕨。但是，大多数真蕨亚门植物的茎是根状的。根状的茎有直立的，有匍匐的，还有半直立半匍匐等类型。为了能够保护好自己，真蕨亚门植物的茎的表皮上生长着各种各样的鳞片或毛，像刺猬一样。它们的叶子通常比茎发达得多，并能够分化出叶柄与叶片两部分，无论单叶或复叶，均为大型叶。它的叶脉系统也很复杂，其中具网状叶脉的属于进化类型。

真蕨亚门的植物长相虽然相似，但各有特点。有些真蕨亚门植物的孢子囊壁细胞的层数不同，有些孢子囊是由一个细胞或者很多个细胞发育形成的。

我们可以根据结构的不同，将真蕨亚门分成三个纲：厚囊蕨纲、原始薄囊蕨纲和薄囊蕨纲。

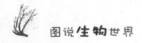

厚囊蕨纲

　　厚囊蕨纲比原始薄囊蕨纲和薄囊蕨纲的情况复杂些,它的孢子囊壁最厚,是由多层细胞组成的,并且还没有环带。每一次都是由几个细胞同时开始分化成孢子囊。

　　当然,厚囊蕨纲的孢子囊也很有特点,相对其他同亚门植物,厚囊蕨纲的孢子囊要大。它体内含有的孢子的数量较多,且都是同型孢子。它的配子体(类似于雌性植物的卵细胞)的发育离不开菌根,只有和菌根共生才能正常地发育。精子器埋在配子体的组织内。

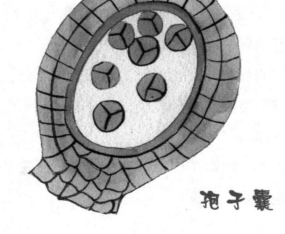

孢子囊

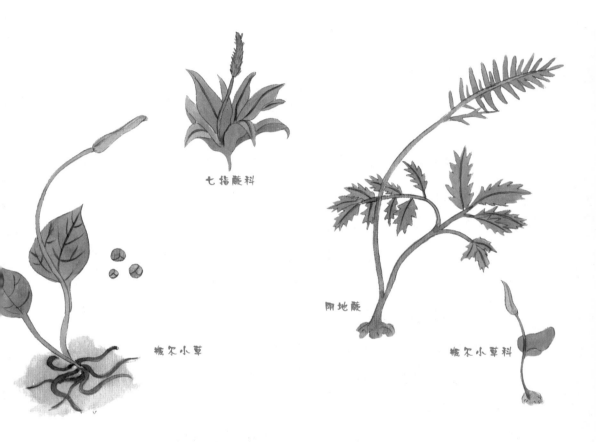

七指蕨科

瓶尔小草

阴地蕨

瓶尔小草科

厚囊蕨纲可分为两个目：瓶尔小草目和莲座蕨目。

瓶尔小草目可分为三个科：七指蕨科、阴地蕨科、瓶尔小草科。

莲座蕨目可分为四个科：合囊蕨科、莲座蕨科、天星蕨科和多孔蕨科。

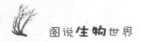

原始薄囊蕨纲

原始薄囊蕨纲的孢子囊壁比厚囊蕨纲的孢子囊壁薄了很多,都是由单层细胞组成。它的孢子囊上的一列厚壁细胞发育不完全,只有少数的厚壁细胞能够形成盾形的环带。

孢子囊都是由单个的原始细胞发育而成,而囊柄却是由多个细胞发育才形成的。植物学家发现,原始薄囊蕨纲不但和厚囊蕨纲的原始性状有很多相似之处,而且和薄囊蕨纲相对进化比较完善的性状也有相似之处,他们就认为,原始薄囊蕨纲是一种介于厚薄囊纲和薄囊蕨纲之间的一种类别。该纲的成员已经不多了,只留下一目一科:紫萁目紫萁科。该纲在中国也有生长,主要有华南紫萁和紫萁两种。

薄囊蕨纲

厚囊蕨纲的孢子囊壁长有多层细胞，看起来比较厚，故名厚囊蕨纲。与厚囊蕨纲不同的是，薄囊蕨纲的孢子囊壁只长有一层细胞，看起来很薄，故名薄囊蕨纲。它的环带发育得十分完善。环带为蕨类植物孢子囊壁上一列内壁及侧壁加厚的细胞，有助于孢子囊的开裂和孢子散布。

薄囊蕨纲的孢子囊，还有一个显著特点，就是喜欢群居生活，所以它们常常聚集在一起，形成孢子囊群。孢子囊居住的地方可多了，有的居住在孢子叶的背部，有的居住在孢子叶的边缘，还有的就居住在进化得比较特殊的孢子叶的边缘。

薄囊蕨纲下有三个目：水龙骨目、苹目和槐叶苹目。

水龙骨目为蕨类植物门中最大的一个目，绝大多数是陆生的蕨类，或者附生的蕨类，还有少数为湿生或水生。

目前，在中国能够见到的"苹"是苹目的一员。中国的诗歌名著《诗经》中就有关于"苹"的记载，《诗·小雅·鹿鸣》："呦呦鹿鸣，食野之苹。"按照汉字的解释，苹从草，指明它是草，从平指"压扁"的意

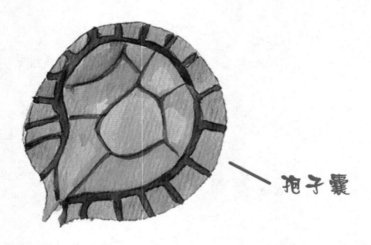

孢子囊

思，二者结合起来就是漂浮在水面上的草被压平了，这正是我们看到的"苹"的样子。它还有两个小名和它的叶子形状有关，叫"四叶草"和"田字草"。

告诉你们一个小秘密，槐叶苹目也喜欢漂浮在水面上生活，所以大家都叫它们浮游水生物。它们和苹目也有同样的本领，都可以长出孢子果和异形孢子。

孢子叶

识别蕨类的钥匙

关键词:蕨类识别、拳卷幼叶、孢子囊群、鳞片、叶、根状茎、根

导　读:蕨类植物作为一种最原始的维管植物,其形态和生殖特征与其他高等植物相比都有明显的区别。正是依赖这些显著的特征,才能辨别出什么蕨类植物。

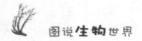　　　　

第一把金钥匙——拳卷幼叶

如何才能识别出哪些植物是蕨类植物呢?

我们暂且把很容易识别蕨类植物的方法比作金钥匙,把相对较难识别出蕨类植物的方法比作银钥匙、铜钥匙和铁钥匙。那么,我们将会有四把钥匙,它们分别是:金、银、铜、铁钥匙。

识别蕨类植物的金钥匙有三把:拳卷幼叶、孢子囊群和鳞片。

第一把金钥匙就是拳卷幼叶。有了这把金钥匙,你就可以像神探一样,从众多的植物当中把蕨类植物一下子给找出来。

当你走在路上,或者走在田野之中,你若发现有些植物的幼叶长得像拳头一样卷曲的话,这种植物就是蕨类植物了。通过这种方法去识别蕨类植物,只需要大眼一看,就能够找到它们,不但容易,而且还方便省事。

第二把金钥匙——孢子囊群

第二把金钥匙就是蕨类植物的孢子囊群。我们首先需要知道蕨类植物的孢子囊群长成什么样，才能够根据其样子去辨别。现在让我们来认识一下蕨类植物的孢子囊群吧！

在蕨类植物当中，有一种小型叶蕨类，它们的孢子囊群有两个居住的地方，有的居住在叶子基部，有的居住在孢子叶近轴面叶腋。

进化得比较先进的真蕨类，它的孢子囊常成群聚生在叶的背面或边缘，似乎特别害羞，在叶片的下表面藏了起来。孢子囊成群结队地聚集在一起，像一支人数众多的大军队，所以又称孢子囊群。孢子囊群的形状与颜色各式各样。在水里生长的蕨类植物大多数的孢子囊群最后都会从一般转化成比较特殊的孢子果。

对于大多数的孢子来说，当它们发育成熟以后，就变成了棕色或者褐色，同时都能够保持长久的发芽力。不过，随着时间的推移，种子的发芽率就会开始逐渐降低，到最后甚至会失去发芽的能力。还有少数种类的孢子是绿色的，它有一个缺点，如果在几天内不种到土壤当中的话，就不能生根发芽。

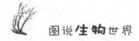 图说**生物**世界

其实,大多数蕨类植物的孢子是同型的,但卷柏与少数水生蕨类的孢子则是异型的。在多数孢子囊群的外面,有孢子囊群盖保护着它们。

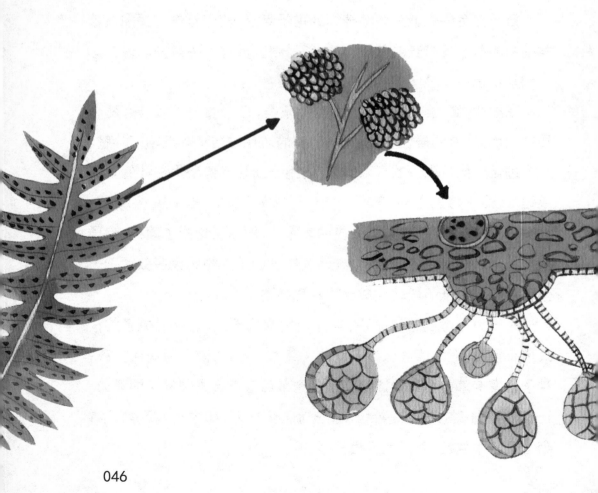

第三把金钥匙——鳞片

人类懂得如何保护自己，其实植物也是一样的，特别是蕨类植物，它对自己的保护也是非常有手法的。

蕨类植物为了保护自己在茎、叶、孢子囊体以及孢子囊群等部位上都会长有各种各样可以起到保护作用的鳞片。这些鳞片相对来说比较坚硬，像是盔甲一样，当动物有意或无意中伤害到蕨类植物时，那些鳞片就会对蕨类植物起到保护作用，可以防止或减轻蕨类植物受到的伤害。

鳞片长什么样子呢？鳞片是薄膜片状的物体，而这些物体都是由单细胞组成的。我们都知道，盔甲是穿在士兵身上的，而士兵头上还会有头盔，蕨类植物的"盔甲"鳞片又是怎么"穿戴"的呢？通常情况下，大多数的蕨类植物的鳞片"穿"在基部的根状茎和叶柄上。

而且，蕨类植物的鳞片种类也千姿百态，种类繁多。它们的"鳞片"主要有：粗筛孔鳞片、细筛孔鳞片和毛状原始鳞片等。

有了多种多样的鳞片，蕨类植物就不会担心外界能够轻易伤害到自己了。

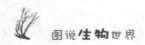　　　　　　　　　　

　　蕨类长鳞片原来是为了保护自己，但是也不小心暴露了自己，因为这些鳞片可以作为我们识别它们的标志。

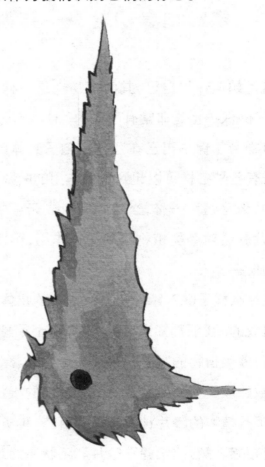

　　图为蕨类的粗筛孔鳞片。粗筛孔鳞片指的是它的细胞壁很薄，但是细胞腔大，而且透明。

图为蕨类的细筛孔鳞片。它的形态结构与粗筛孔鳞片恰恰相反，细筛孔鳞片的细胞壁很厚，细胞腔却很小。

图为蕨类的毛状原始鳞片。蕨类植物的毛的类型很多，大概分为针状毛、节状毛、星状毛、丝状柔毛及腺毛等。

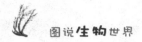

银钥匙——叶

如果通过三把金钥匙,还未能够识别出蕨类植物,请别着急,还有几把别的钥匙,依然可以帮助你识别出蕨类植物。

银钥匙就是蕨类植物的叶子。蕨类植物叶子的形状有着很大的差别,简单来说有小型叶与大型叶的区别。松叶蕨、石松等的叶子相对来说比较小,叶脉比较单一,而且不分枝。

小型叶属于原始的一个类群,它是由茎的表皮细胞分化之后形成的。大型叶通常来说由叶柄与叶片组成,叶脉有很多的分枝,像是从一个路口通向不同方向的道路。多数蕨类植物都属于这种类型。

图为石松,它属于小型叶蕨类。

它的叶柄一般为圆柱形,有些种类的叶柄与叶片像恋人一样舍不得分开。叶片是由叶脉与叶肉两部分组成的,叶片的分裂方式也是多种多样的,既有不分裂的单叶,又有各种分裂的复叶。如果按功能划分的话,蕨类植物的叶片可以分为孢子叶与营养叶。孢子叶,又叫能育叶,它能产生孢子囊与孢子。营养叶还有另外一个名字叫不育叶,主要功能是负责进行光合作用的,并利用光合作用制造有机物来维持自己的生命。

　　值得注意的是,有些蕨类植物的营养叶与孢子叶不仅没有分开,连形状都是完全相同的,叫做"同型叶";而孢子叶与营养叶形状完全不同的称为"异型叶"。异型叶比同型叶进化得更加完善。另外,有些种类的叶片末端或叶表面还能产生芽孢呢,这些芽孢后来就形成了新的植株。

不育叶

能育叶

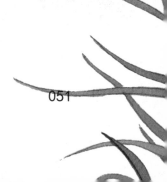

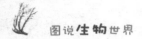

铜钥匙——根状茎

根状茎

假　根

下面介绍铜钥匙了。蕨类植物的茎多为根状茎。只有苏铁蕨、桫椤一类少数的植物，它的茎一般生长在地上，而且非常高大，是直立生长的。不过，还有少数的原始种类不但有根状茎，还有气生茎。气生茎就是蕨类植物的横生根茎在向下生长的时候，能够生长出一种比较短而且丛生的假根，同时，它们还会向上生长出二叉分枝的茎。根状茎的形状可谓是非常多，它们既可以生长在地下，也可以生长在地表。通常情况下，生长在地下的根状茎又粗又短，而生长在地表的根状茎大多是贴着地面生长的匍匐茎。匍匐茎有粗有细，粗壮的匍匐茎不但可以储存水分，还可以储存有机物，可以为植物的生长提供大量的营养。至于细小的匍匐茎，水分和有机物相对来说就比较少了。但是，由于它的细小，它就可以像爬山虎一样沿着地表、岩石面、树干等攀援生长。

　　茎中具有各种各样的维管组织，现代蕨类中除极少种类如水韭、瓶尔小草外，一般没有形成层的结构。大多数蕨类植物的根状茎都具有无性繁殖新个体的功能。

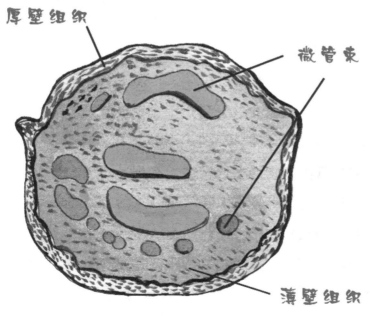

根状茎的横切面

铁钥匙——根

最后介绍识别蕨类植物的铁钥匙了,即根。说到蕨类植物的根,有以下几个显著特征:

首先,有一类蕨类植物没有真正的主根。那么,它又怎样吸收土壤中的营养和水分呢?这个不用担心,没有主根,它们却有很多不定根,形成须根状。但是这些不定根吸收水分和营养的能力并不比主根差哦!

其次,有一类蕨类植物既没有主根,也没有不定根,它们是依靠假根来生存的。这类植物通常是最古老最原始的松叶蕨类植物。它们的须根可以帮助植株体附生于树干上或岩缝中。

再者,蕨类植物的根通常生长在根状茎上,只生长在土壤的表层,不能很好地保存吸收水分,导致其保水能力十分差。因此,它们多生活在阴湿的潮湿地带。

纵观以上几点,蕨类植物的根还是具有多种功能,它不但可以固定植物、吸收水分,还可以吸收养料,有些种类的根可用于萌发幼苗并形成新的植株。

 **蕨类多功能**

关键词：蕨类植物、观赏价值、农业生产中的价值、林业生产中的价值、检测土壤、食用价值、工业价值、保护蕨类

导　读：可以说蕨类植物为人类作出了不遗余力的贡献，除古代蕨类植物为形成煤炭献出生命之外，现代蕨类植物也为人类贡献出庞大的经济价值。因此，人类应从感恩的角度去保护蕨类植物的生存环境。

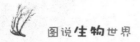

蕨类植物的观赏价值

　　中国是世界蕨类植物种类最多的国家,拥有极其丰富的蕨类资源。因此,国人常常用蕨类植物当作室内盆景、庭院栽植优选植物。

　　蕨类成为观赏优选植物有以下几个原因:首先,蕨类植物家族的诸多成员都长相独特,体态优美,有很大的观赏价值;其次,蕨类植物大都属于多年生草本植物,四季常青,也成为其"观赏价值"的重要组成部分。

　　我们生活中常见的蕨类植物作为室内盆景或庭院栽植的品种有:杪椤、肾蕨、卷柏、铁线蕨、鹿角蕨、槲蕨、鸟巢蕨、黄山鳞毛蕨、象银粉背蕨、阴石蕨、阴地蕨、乌蕨、松叶蕨、翠云草等等。

蕨类植物在农业生产中的价值

真蕨亚门、满江红科的"满江红"属于水生蕨类植物。它喜欢生长在池塘和水田里。它还两个小名：红萍和三角藻。满江红的幼苗成绿色，到了秋天的时候，其叶子内含有很多的红色"青花素"，又呈现出红色。远远地看上去，水面就像一片红海。因此得名"红萍"。

满江红通常与蓝藻中的鱼腥藻共生。因为鱼腥藻能从空气中吸取和积累大量的氮。满江红的干重含氮量达 4.65%。因此把满江红像氮肥一样洒到地里，农作物就可以吸收它里面的氮元素。同时，它也可以制作饲料，成为家畜、家禽的美餐。

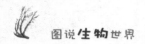

蕨类植物在林业生产中的价值

蕨类植物虽是高等植物，但是它又是其中较为低级的一个类群。由于这一特性，蕨类植物对环境、生存条件而言，也有比较苛刻的要求。当然，你也可以说蕨类植物非常娇气。

正是由于蕨类的"娇气"，它却对人类的林业生产作出了很多贡献。每种树木对生长环境、地理纬度、温度水分、土壤环境等，都有自身的一个参照条件，如果一个地区的生存环境符合了一种树木的生存要求，那么，人类便可以在这一地区进行大面积的植树造林。而蕨类植物呢，悄悄起到了一个"指示植物"的作用。

什么叫"指示植物"呢？生物学上的解释是，在一定区域范围内能指示生长环境或某些环境条件的植物种、属或群落。指示植物与被指示对象之间在全部分布区内保持联系的称为普遍指示植物；只在分布区的一定地区内保持联系的则称为地方指示植物。

指示植物根据所指的对象不同，又分成土壤指示植物、气候指示植物、矿物指示植物、环境污染指示植物、潜水指示植物等。如果我们找到了指示植物，就意味着人类可以在该地区进行大面积的林地种植和营造。

从这个层面而言,很多蕨类植物都可以作为营造和发展不同种属林地的指示植物。

比如,以土壤性质不同,要寻找适宜在我国的长江以南地区种植喜欢酸性土壤的经济林木茶树、油茶等,就可以在天然植被中,选择一些喜欢酸性土壤的蕨类植物,作为指示植物,比如芒萁、里白、狗脊蕨、半边旗、石松等蕨类密集生长的地区,就适宜营造林地。如果要人工种植喜钙质土壤的林地,就要看看当地有没有碎米蕨、肿足蕨、铁线蕨、肾蕨等蕨类植物,因为这些蕨类植物偏好于在钙质土壤中生存。

再如,如果想营造的林木种属是热带或者亚热带的林木种属,可以在天然植被中寻找大量生长的杪椤、莲座蕨、鸟巢蕨、崖姜、地耳蕨等等蕨类植物,因为这些种类的蕨类植物,喜欢生长在热带或亚热带的潮湿气候环境中。

此外,像绵马贯众属于北温带或亚寒带地区的标志性植物,它们生长的地区,就适宜于营造北温带或亚寒带树种的林地。这样才能做到因地制宜,种植合理的林木了。

因此而言,很多蕨类植物,都可以充当土壤或气候的指示植物,并根据它们分布地区,进行营造林地活动。

蕨类植物可用来检测土壤

如果要下大雨或刮大风，天气预报员就会告诉你。但是，哪些土壤是酸性土壤，我们怎么才能知道呢？难道非要拿着检测酸碱浓度的测试纸去测量吗？那样太麻烦了。不过，你也不用担心，我们有天然的"环境指示员"，它可以更加简单快捷地告诉我们哪些土壤含有酸性。

假如在野外，当你发现鳞毛蕨或线蕨的时候，你就可以确定那些土壤就是酸性土壤。不用做任何化学测验，省去了很多力气。为什么我们能够如此肯定呢？那是因为不同的植物种类对生活的土壤要求不同。而鳞毛蕨和线蕨生活的土壤比较特别，它们喜欢生活在含

有酸性的土壤当中，只有满足了这一需求，它们才能够生存下去。

　　除了鳞毛蕨和线蕨能够检测出酸性土壤，其他种类的蕨类植物也具有类似的功能。比如肿足蕨、石蕨和粉背蕨喜欢生活在石灰岩等富含钙物质的土壤当中。只要我们在生活中见到肿足蕨、石蕨和粉背蕨，就能够断定它们生活的土壤中含有钙。

我是酸性土壤哦

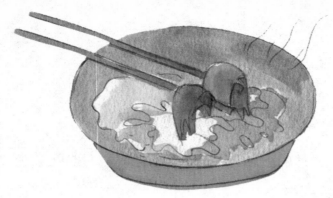

蕨类植物的食用价值

蕨类植物还有一个最为重要的用途，可以当作蔬菜供人类食用。

蕨类植物作为食物，在我国很早的历史中就有记载。史书上说，伯夷、叔齐原是商朝的大臣，周朝把商朝灭了之后，这俩倔老头宁死不吃周朝的饭。后来，他俩跑到首阳山上"采蕨而食"，最后被饿死了。

创作于周朝时期的《诗经》也记载有关于"采蕨食用"的记录，《召南·草虫》诗："陟彼南山，言采其蕨。"那时候，人类可以吃的食物少，所以作为野生蕨类，早早就被人类搬上了餐桌。

幼年的蕨类植物，因为其刚萌芽的茎叶鲜嫩、柔软，营养价值极高，富含蛋白质、脂肪、胡萝卜素、糖类，以及矿物质钙、磷、铁等。所以常常用它做美味佳肴的食材，比如蕨菜、紫萁、菜蕨、毛蕨、水蕨、西南凤尾蕨等。蕨类植物，不但新鲜的时候可以做菜用，就是晒干了还可以加工成干菜，想什么时候吃，就什么时候吃。

在我国的云南、广东、台湾等地的山区或森林中，也生长着很多能够被人类所利用的蕨类植物。比如桫椤,它的树干内含有一种胶质物,可以拿来食用。

　　此外,许多蕨类植物的地下根状茎,含有大量的淀粉。像观音座莲这种植物的地下茎重量可以达到 20~30 千克,含有很多的淀粉;蕨莱的地下茎,也同样含有很多的淀粉。所以,人们又常常用这些高淀粉含量的蕨类酿酒。

紫萁

蕨类植物在工业生产中的价值

有很多蕨类植物在工业生产当中发挥着极大的作用。

凤尾蕨类植物经过浓缩等步骤加工之后，可以提取一种叫栲胶的化工产品。栲胶不但是皮革业的重要原料，还是石油化工的重要原料。凤尾蕨类植物的纤维还可以拿来造纸。

蕨类植物之一石松，既可以提取蓝色染料，还可以作为火箭在发射过程中的引火燃料。它的孢子还是一种优良的脱模剂，在铸造金属物件的模具上撒上一些石松孢子，可以防止液态金属粘附在模

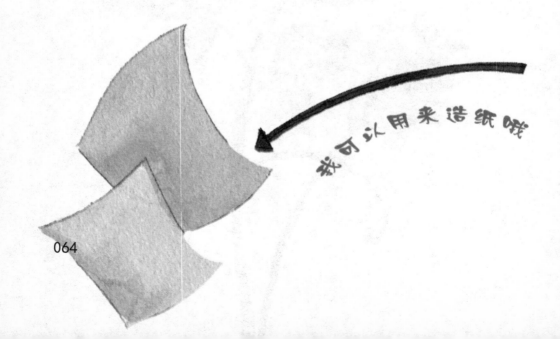

我可以用来造纸哦

065

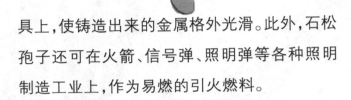

具上,使铸造出来的金属格外光滑。此外,石松孢子还可在火箭、信号弹、照明弹等各种照明制造工业上,作为易燃的引火燃料。

木贼向来被认为是一种田间杂草。然而,木贼的体内含有很多硅质,这种硅质可以作为金属器械的磨光剂。如果金属器械生锈了,用木贼摩擦几下,金属器械就会变得明亮而有光泽。

除了上面提到的蕨类植物,还有很多是可以应用到工业当中的。如蕨菜的叶子可以提取绿色染料,它的根茎可以提取土黄色染料;乌蕨可以提取红色染料……

总之,有很多种蕨类植物在工业上发挥不可替代的作用。随着科技的发展,相信会有更多的蕨类植物被用在工业生产中。

保护蕨类的必要性

前面我们讲到了蕨类植物在多个方面对于人类的奉献,包括它的观赏价值、农业生产价值、林业生产价值、食用价值以及工业价值等。从这些方面来看,人类都有必要好好保护蕨类植物,关心它的生存环境。

那么,我们在此就有必要了解一下蕨类植物的真实生存环境状况了。

我们知道蕨类植物种属众多,在众多种属中,中国约有 2000 余种蕨类植物。而在这 2000 余种蕨类植物之中,又有 500～600 种蕨类植物属于中国特有。这些特有蕨类植物,在已知中国蕨类植物中占比达 25% 左右。

然而,"娇贵"的蕨类植物,对于生存条件的要求十分苛刻,因此,只要环境有变化,它们都将面临灭绝的威胁。比如生长在中国地区的单叶贯众、毛脉蕨等蕨类已经灭绝;而像生长在中国地区的光叶蕨、中华水韭也有灭绝的倾向。特别是一些中国特有种属的蕨类,由于其分布地域狭窄、整体数量稀少等客观因素,导致其极易灭绝。

既然要保护蕨类植物,不使其灭绝,那么就要先找原因,到底是什么因素导致蕨类植物的灭绝?

当然造成蕨类植物的濒危的因素有很多,其中大概有以下几个方面:

首先,蕨类植物的生长环境遭到破坏,即人类无节制地对森林进行大面积采伐,导致适宜于蕨类植物生长的天然环境遭遇空前的毁灭性打击,森林被采伐之后,会导致该地区的水位下降,以致气候干燥等,而这就无法给予蕨类植物提供得天独厚的生存和繁殖条件了。比如1963年,发现于四川西部二郎山的光叶蕨就遭遇了人为的环境破坏,由于当地大面积采伐森林,20年后,人们已经很难在野外见到光叶蕨的踪迹了。1999年,我国把光叶蕨列为一级重点保护野生植物。

其次,随着人类工业、农业生产的开发,使得部分地区的蕨类植物生存环境越来越狭窄。比如荷叶铁线蕨、中华水韭等,都是人类工农业生产对其生存环境造成的破坏,而致其濒危。

再者,一些自然景区、旅游景点等,游客对于小型蕨类植物的践踏,致使其无法生长。比如在景区内的瓶尔小草就属于这类植物。

总之,一些蕨类植物因人为因素,导致了其种族数量的减少或濒危,我们应该采取针对性的措施对这些蕨类植物加以保护。

 **有毒的蕨类植物**

关键词：蕨类毒素、防害虫、独蕨萁、欧洲鳞毛蕨、问荆、木贼、石松、拳头菜

导　读：蕨类植物中，有些种类常常被人们拿来食用，丰富了人们的食材之外，也要认清，在蕨类之中一些种类也富含毒素，它不仅能致死其他动物，也能对人类构成严重的伤害。

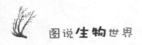

身藏百毒的蕨类植物

蕨类植物的世界,可谓千姿百态,它们个个怀有绝技,有的有益于生态平衡,有的有益于人类,也有的有益于其他生物群体。但是,这样来概括蕨类植物家族,还不算全面。

也有一些蕨类植物能够给其他生物造成伤害。

至于蕨类身体内藏有毒素,是什么原因,有什么作用?是植物自身防范外界侵犯的本能进化,还是其自身机体之内天生就有毒素?现在,科学界还没有一个明确的答案。不过可以清楚地知道,有哪些蕨类植物含有毒素,并且含有什么种类的毒素及其作用原理。经过大量的科学实验,植物学家将蕨类植物的毒性分为三大种类:

第一大种类就是间苯三酚衍生物类。这个种类的植物大部分属于鳞毛蕨科的植物,它们体内含有绵马酸、白绵马素等毒素。一旦被哺乳动物吃了,这种毒素就会刺激动物的中枢神经系统和胃肠道,不但可以使动物得胃肠病,还可能引起动物昏迷以及呼吸困难,严重的话,还会导致动物死亡。

第二种类是双骈哌啶烷类生物碱。这个种类大部分属于石松科

图为鳞毛蕨科植物。

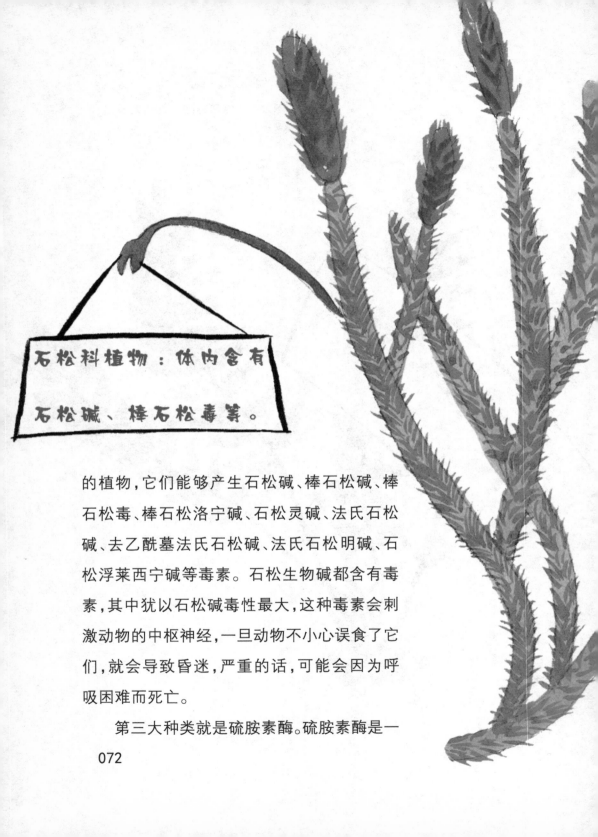

石松科植物：体内含有石松碱、棒石松毒等。

的植物，它们能够产生石松碱、棒石松碱、棒石松毒、棒石松洛宁碱、石松灵碱、法氏石松碱、去乙酰墓法氏石松碱、法氏石松明碱、石松浮莱西宁碱等毒素。石松生物碱都含有毒素，其中犹以石松碱毒性最大，这种毒素会刺激动物的中枢神经，一旦动物不小心误食了它们，就会导致昏迷，严重的话，可能会因为呼吸困难而死亡。

　　第三大种类就是硫胺素酶。硫胺素酶是一

种可以分解维生素 B 的物质。动物体内一般需要很多种元素,如果缺少任何一种,就会导致机体的某项功能受损,从而引发疾病。所以,一旦硫胺素酶进入动物体内,就会使动物体内因缺少维生素 B 而患病。到底都有哪些蕨类植物当中含有硫胺素酶呢?一般木贼科、松叶蕨科和鳞毛蕨科都含有硫胺素酶。在一般情况下,遇到这几类植物的时候,千万不要去招惹它们,以防中毒。

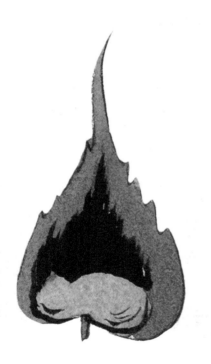

孢子叶

蕨类植物因毒而起到防虫的作用

　　在植物界,很多植物都会遭受害虫的侵害,但是蕨类植物却很少遭受到害虫的侵害,这是为什么呢?原来,蕨类植物的体内能合成一种有毒的物质,那些害虫一旦吃了这些有毒物质,就会中毒而死。

　　春天到来的时候,蕨类植物的枝、叶、茎开始生长,并且鲜嫩无比,按照常理而言,这样的幼枝、幼叶、幼茎很容易受到虫类的攻击。但是,这个时期的蕨类植物体内除了含有丰富的蛋白质等高营养物质外,还含有大量的毒素。而这些毒素对于害虫而言足以致命。

　　事实上，有些不怕死的害虫就会冒着生命危险去吃，结果就送了小命。这无疑给后来者的害虫起到了"杀鸡给猴看"的示范作用，因此，其他想要吃的害虫只能望而却步了。

　　然而，到了夏秋季节，虽说蕨类植物体内的毒性下降了，对虫子再也构不成致命的伤害，但是，这个时候，蕨类植物的枝叶、茎开始老化，换句话说，它的叶子变得又老又黄，枝干和根茎也变得非常坚硬，有些虫子对于这样的枝叶、茎感到难以下咽。也就说"适口性"较差，这时虫子能吃也不喜欢吃了。

　　因此，一年四季之中，蕨类植物不是有毒，就是枝叶变老，反正虫子见了它们都会躲得远远的。这也是蕨类植物防虫术的秘诀之所在。

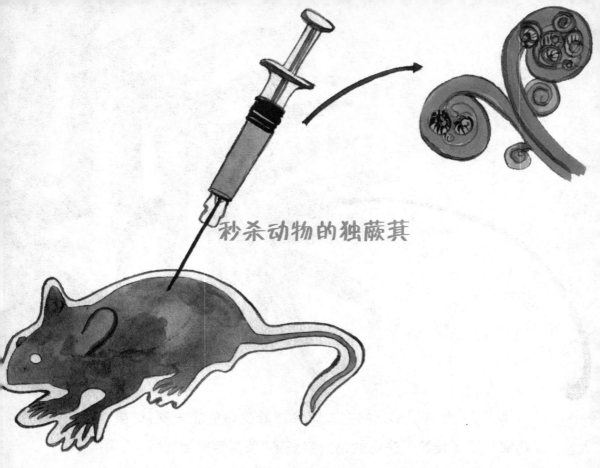

秒杀动物的独蕨萁

独蕨萁是多年生的草本植物，身高约有 26 厘米，有很多的须根，叶片长 18~25 厘米，宽 24~27 厘米。它喜欢生活在阴暗潮湿的山坡或疏林下。

独蕨萁属于剧毒植物，中国植物图谱数据库将其收录到"有毒的植物"的类别之中。实验表明，如果往小鼠腹腔注射 10 ~ 20 克 / 千克全草（独蕨萁）水煎剂后，小鼠就会先抽搐，然后一蹬腿死掉。马吃多了这种独蕨萁，会变得异常兴奋，并且走起路来像喝醉酒一样，摇摇摆摆。如果马食用过量，也可能会死亡。因为独蕨萁全身都是剧毒，所以，当我们遇见独蕨萁的时候，最好不要去碰它。

让人双眼失明的欧洲鳞毛蕨

欧洲鳞毛蕨，顾名思义，主要生长在欧洲地区。生长在该地区的这种植物含有剧毒。植物学家分析发现，主要是因为它的根茎含有多种间苯三酚衍生物，而多种间苯三酚衍生物的成分是有毒的绵马酸。绵马酸可以刺激人类的中枢神经系统和消化系统，当绵马酸进入我们人体之后，人体就会感觉十分难受。轻度中毒的人，会感觉头痛、眩晕等症状；再严重点的人可能会患胃肠炎，他们的呼吸也会变得短促，甚至眼睛会变得十分模糊；最严重的时候，会引起神经错乱，导致间歇性的昏迷，甚至可以使人呼吸麻痹而死。如果不及时治疗，眼睛可能会永远看不到东西了。

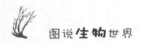

动物杀手：问荆

　　问荆是一种多年生草本植物，身高约 30 厘米，它的根状茎横生在土壤中，为黑色或深褐色。土壤中的根状茎长出的直立茎比较细长，表面还有明显的纵棱。它的叶子比较退化，为黑色，边缘为黑白色。

　　问荆也属于蕨类家族有毒成员之一。假如给马喂食这种植物之后，就会引起马的反射机能兴奋，走起路来摇摇晃晃，甚至有时候都无法站立。如果是急性中毒的话，一天内可能会死亡。一般情况下，牲畜会因为误食了问荆而导致慢性中毒，中毒后的牲畜就会变得极其消瘦，并伴有痢疾的症状。

毒遍全身的木贼

　　木贼是一种喜欢居住在潮湿地方的植物，它不怕寒冷，所以经常出现在溪水边和一些河岸湿地附近。它可高达100厘米，根茎比较短小，为棕黑色，一般都是匍匐着生长；叶子上部为淡灰色，圆形状；茎为灰绿色或黄绿色，长管状。

　　木贼也属于有毒植物之一。通常情况下，它主要针对大型食草动物。如果食草动物误食这种植物之后，其症状与食用欧洲鳞毛蕨、独蕨萁、问荆等相似，引起神经机能发生紊乱，导致肢体麻木、站立不稳、无法行走等。但是，木贼也有对人有益的一面，它体内含有硅酸盐和单宁（多元酚类化合物），有收敛止血之功效。

富含营养的毒石松

但我体内有毒

养分可以酿酒哦

石松属于多年生草本植物，主要生活在低海拔的高山或树林中,那里气候温暖湿润,对于怕寒冷的石松来说,无疑是最好的栖息之地。石松虽然怕寒冷,却耐阴耐旱。

也许是为了抵抗干旱,它的根茎中含有大量的营养物质淀粉,因此它的根茎不但可以拿来食用,而且还可拿来酿酒。虽然石松的根状茎可以拿来食用或酿酒,但是石松体内是有毒的。

植物学家为了验证石松体内是否有毒曾经做过一个实验。他们首先从石松体内提炼出一种叫"石松碱"的化学物质,并将一定量的石松碱注射进小白鼠、兔子以及青蛙的体内。注射不久之后发现,无论是小白鼠,还是兔子和青蛙,都表现出呼吸困难和昏厥的症状,严重时甚至会导致死亡。

这个实验表明,石松体内是含有毒素的。所以,在不了解石松的情况下,最好不要因为嘴馋去食用石松。

有毒的山珍之王:拳头菜

蕨菜,也叫拳头菜,顾名思义,就像人的手掌握着一样。它主要生活在中国和东南亚,它是大型的多年生草本植物,根状茎长而粗壮,横卧在地下。在每年的春天到来的时候,它的叶子就会从根状茎上长出来,刚长出来的叶子是拳卷状,长大后就会展开,长60~150厘米,宽30~60厘米。它的嫩叶吃起来清香可口,被人称为"山珍之王",得到很多人喜欢。

但是,它的茎、叶、嫩芽有毒,家畜牛、羊等食用过量会导致死亡。因此,在没有人指导的情况下,最好不要吃这种植物。

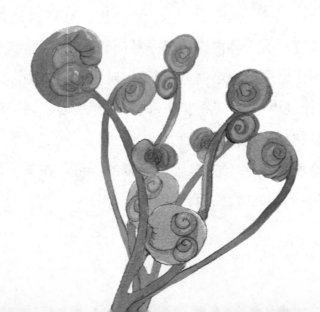

蕨类有特色的代表

关键词：桫椤、荷叶铁线蕨、凤尾蕨、峨眉耳蕨、截基盾蕨、连珠蕨、鹿角蕨、扇蕨、金毛狗蕨、狼尾蕨、铁线蕨、蟹爪叶盾蕨、卷柏、团扇蕨、贯众、鸟巢蕨、蜈蚣草、卤蕨、石韦

导　读：在众多的蕨类植物之中，有些种类因为自身的生长特性不同，而各有特色。让我们一起来了解这些很有特色的蕨类植物吧！

蕨类之王——桫椤

桫椤又名树蕨。桫椤树高可达 8 米，而且树干呈圆柱形且很直，看起来十分挺拔、疏朗。它的叶子又大又长，如果把叶片反转过来，背面可以看到许多星星点点的孢子囊群。孢子囊中长着许多孢子。这些关于桫椤的外形表述，就是我们今天所看到的桫椤了。而在更久以前，在桫椤身上曾经发生过一件惊天动地的大事件。

在距今大约有 1.8 亿年的时候，桫椤曾是地球上最繁盛的植物。而恐龙是地球上体型巨大的爬行动物，它们分别成为当时地球上植物和动物的两大标志。这两大标志，似乎还有些许交叉。对于一些食草恐龙而言，它们喜欢吃的正餐是诸如南洋杉和扁柏一类的裸子植物，但是，恐龙有时候也会将桫椤当成它的"饭后甜点"。

在绿色植物王国里，蕨类植物虽然属于高等植物中较为低级的一个族群，但这并没有影响到蕨类植物的扩张，它们家族的成员遍布于大陆之上，成为植被覆盖面较大、较广的家族之一。

不幸的是，就在侏罗纪晚期，地球发生了一场空前的毁灭性灾难。这场毁灭性灾难，有的说来自于地壳运动，还有说是一颗小行星

撞击地球。不管如何,反正灾难突然降临。作为陆地上最大型的爬行动物恐龙,在这次灾难中也难逃被灭绝的命运。遍布陆地上的蕨类植物自然也难逃一劫。当时,很多大型植物(蕨类植物家族诸多成员在当时也都属于株体高大的植物种类之一)也都葬身"地底"。经过漫长的地质和化学作用,这些葬身地壳中的植物遗体,最终变成了我们今天使用的煤炭。

如今,生存在地球上的大部分蕨类植物家族成员都是株体较矮小的草本植物,只有极少数一些木本种类逃过了那场自然界的大灾难生存了下来。桫椤便是这些幸免于难的植物中的一种。

由于桫椤是如今仅存的木本蕨类植物,

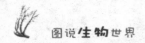

显得极其珍贵。其存世数量在中国也不是很多。在我国云南、四川、广西、台湾等地还可以见到桫椤挺拔的身姿。因为这些地域,气候比较温暖、湿润,符合桫椤的生长环境要求。

作为珍贵品种,人类希望它能大量繁殖以免灭绝,然而这对于桫椤来说,却很困难。这要从桫椤的繁殖形式说起。我们知道,一般种子植物,依靠种子可以大量繁殖后代子孙,并广泛传播。而桫椤却是依靠孢子进行繁殖。孢子繁殖与种子繁殖有很大的不同——种子植物的种子只要种在土壤之中,它就能很快生根发芽,长成幼苗。而桫椤的孢子繁殖方式却不一样了,孢子落入泥土后,不会很快生根发芽,而是先长出像"心"形的原叶体。这个原叶体也不能直接变成幼苗。它还有一个麻烦的步骤和程序,当孢子长成原叶体之后,贴近地表面的一端长着一个颈卵器,即雌性生殖器,以及一个精子器,即雄性生殖器。颈卵器可以产生一个卵细胞,精子器可以产生数量较多的精子。这时,精子要借助水像小蝌蚪一样游到颈卵器那里,与卵细胞结合,先发育成胚,再发育成孢子体。此时,桫椤的生活史才算全部完成,最终长成新的植株。

这样的繁殖方式,对于植物来说,是非常困难的。它受自然生态环境的影响很大,一旦外界环境变化,或遇到自然灾害,比如缺少水分,桫椤的孢子就不能从地下长出新的植株。换句话说,埋在地下的孢子只能"胎死腹中"。

因此，受制于桫椤的繁殖方式影响，桫椤想在地球上扩大家族的地盘，是一件十分困难的事情。人类想要保护桫椤，那么就要爱护自然界的生态环境，归还属于这些植物生存需求的自然生态，才是保护任何一种珍贵植物或濒危植物的最好方式。

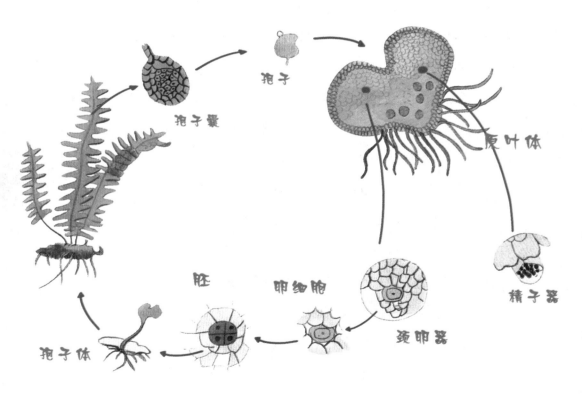

蕨类植物的生活史图示

我和恐龙一个时代哦

也很早哦

与恐龙同在——荷叶铁线蕨

　　桫椤与恐龙是同一个时代的植物,那么除了桫椤,还有没有其他植物和恐龙是同一个时代的呢?当然有啦!它就是荷叶铁线蕨。作为和恐龙同时代的远古生物,荷叶铁线蕨还是铁线蕨科当中最原始的一个种类呢!

　　铁线蕨主要生活在亚洲,它的叶子是由很多小叶组成的。你知道亚洲的铁线蕨的来历吗?其实,它的形成过程很复杂,是由肾叶铁线蕨在地理因素的影响下,经过多年的演变,才变成今天我们看到的铁线蕨。既然亚洲的铁线蕨的叶子是有很多小叶子构成的,那世界上其他地方存在单片叶子的铁线蕨吗?有是有,但是很少见,在世界上也只有肾叶铁线蕨和2个变种的叶子才是单叶结构。这两个变种就是与恐龙生活在同一个时代的荷叶铁线蕨和细辛叶铁线蕨。

　　世界上有七大洲,七大洲上又有很多国家。我们仅仅去看亚洲,就知道面积有多大了。然而,在地球这么大一个区域范围内,却很难发现荷叶铁线蕨的身影。事实上,只有在中国才能看到荷叶铁线蕨的身影。而且在中国也不是随便就能看到的,唯一能够看到它

们的地方是在三峡。"物以稀为贵"，荷叶铁线蕨这么稀少，自然有很高的研究价值。

你听说过大陆漂移学说吗？有些科学家认为大陆起初是连接在一起的，后来因为各种原因导致连接在一起的大陆分裂成好多块。为什么我们会突然提到大陆漂移呢？因为生物学家研究发现，荷叶铁线蕨可以作为大陆漂移学说强有力的证据之一。

起初地球上并没有荷叶铁线蕨，它是产于大西洋的肾叶铁线蕨的变种而来，最早的荷叶铁线蕨是在非洲大陆南部。但是，随着大陆板块的分裂，导致了部分荷叶铁线蕨和原来的同伴被隔离开了，随后经过很多年的生长，就长成了现在仅在中国三峡地区有分布的荷叶铁线蕨。

荷叶铁线蕨形体娇小可爱，比较

喜欢生活在温暖阴暗潮湿的地方。它可算得上是蕨类植物当中体型比较优美的一种植物哦！它那美丽的身姿十分讨人喜欢，于是，很多喜欢在家中摆放盆景的人，就将荷叶铁线蕨"请"回家中，给自己温馨的家再增添一些生命的绿意。

或许有些人虽然喜欢家中多一些盆景，但是他们没有时间打理它。不过，荷叶铁线蕨不用那么费心地打理，因为它的适应能力十分强，很容易生存下来。如果你在房间的书桌或者茶几上摆放一盆，看起来一定别有一番景致呢！

然而，令人十分惋惜的是，作为如此受欢迎的荷叶铁线蕨却面临着濒临灭绝的命运。为什么它会濒临灭绝呢？这还得从植物进化史方面去说。

荷叶铁线蕨作为一种比较古老的植物，由于多年的进化，它具有一种独特的发育系统，再加上它原本就种类很少，而且生活的地域范围比较狭窄，这些因素都阻碍着它们的生长繁殖。我们都知道，蕨类植物都是通过孢子进

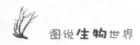
行繁殖的,当孢子成熟之后就会脱离孢子囊,一旦遇到合适的生长环境,就会长成新的植株,荷叶铁线蕨也是如此。虽然这种繁殖方法使得荷叶铁线蕨从远古的恐龙时代繁衍至今,但是,由于人类对森林等自然环境的破坏,导致了荷叶铁线蕨生活所需要的环境发生了极大的改变,这已经严重影响到荷叶铁线蕨的原本适宜生存的条件。

值得庆幸的是,我们已经发现了这个严重的问题,所以有关部门对荷叶铁线蕨采取了一些保护措施。起初,我国将荷叶铁线蕨列为国家二级保护植物。后来,一些植物学家觉得仅仅将荷叶铁线蕨列为国家二级保护植物不妥当,于是建议应该列为国家一级保护植物,此后不久,这一建议被采纳。

原本在三峡才能看到的荷叶铁线蕨,后来随着重庆、云南等地相继种植了荷叶铁线蕨,它们的身影终于出现在了三峡以外的地方。而且我国又在三峡、云南、重庆等地建立了保护点,并严厉制裁破坏荷叶铁线蕨的行为。这些措施都为荷叶铁线蕨的生长繁殖提供一个良好的环境。

目前,我国对于荷叶铁线蕨的研究还不够深入,为此,我国已经在很多地方建立起了研究机构,目的是通过深入的研究,让更多的人了解荷叶铁线蕨。

清洁工——清除土壤中的重金属

凤尾蕨能清洁土壤中的重金属。这些重金属在土壤中会引起污染。有了凤尾蕨这个免费的清洁工，重金属污染的土壤就会变得清洁起来了。

我是免费的清洁工哦

093

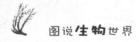

凤尾蕨又是怎样清除污染环境的重金属呢？

凤尾蕨在重金属污染比较严重的土壤上生长的时候，能大量地吸收一种或几种重金属。这些被吸收的重金属就会从土壤中被转移到凤尾蕨的茎、叶子和其他器官上。

难道这对凤尾蕨不会产生不良的反应吗？这个你倒是不用担心，凤尾蕨要是没有那"金刚钻"，它也不敢揽这"瓷器活"呢！重金属在它体内，对它丝毫起不到任何的伤害作用。相反，如果没有这些重金属，它还会感觉浑身不舒服呢！

难道凤尾蕨将所有污染土壤的重金属都聚集在自己身上就完事了吗？事实上，这还不算完事。凤尾蕨已经尽到了作为清洁工的责任，接下来我们人类也要尽一些责任了！毕竟那些污染土壤的重金属是我们人类所为！

在凤尾蕨将重金属聚集在自己身上，等它们枯萎死亡之后，人类只需要将它们的"尸体"收集起来，然后再经过一些加工，这些重金属就不能够再污染土壤了。

如果"清洁工"少了，而重金属多了，也可能导致"清洁工"忙不过来。所以，在土壤被重金属污染的地方要多请点像"清洁工"一样的凤尾蕨——多种或者一年又一年反复地去种，土壤就会变得更加清洁。

能防害虫的峨眉耳蕨

在自然界当中,很多植物都免不了有虫害。但是,有一些植物天生有防虫害的本领,比如蕨类植物当中的峨眉耳蕨。害虫遇到峨眉耳蕨的时候一般都会绕着走,不敢轻易去骚扰它。如果有不怕死的虫子敢吃它的叶子,立即会被毒翻。

峨眉耳蕨主要居住在云南、贵州和四川等地。在蕨类植物中的峨眉耳蕨适应环境能力是相当强的, 其他植物不能生长的恶劣环境,它都能够生长得很好。

这家伙有一个特点,就是喜欢居住在很高的地方,海拔至少要在 800 米以上。不过,也不能太高了,一般不超过 1500 米。它最喜欢出现的地方主要在溪边潮湿的岩石上,或在山谷旁。

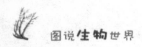

"蕨"代佳人——截基盾蕨

　　截基盾蕨属于水龙骨科盾蕨属，它的植株高约 30～50 厘米，茎并不十分发达和粗壮，细长而坚硬的叶柄和长卵状三角形的叶片构成它的主要形态。截基盾蕨属于草本蕨类，它通常依靠孢子繁殖方式来延续后代。

　　截基盾蕨的叶子看起来青翠欲滴，形态多种多样，叶脉的结构特别精致、流畅，还有黄色的条斑。因此它堪称线条优美的"蕨"代佳人，它在植物界的地位就像是中国古代四大美女一样。

　　由于这位"蕨"代佳人怕被直射的阳光晒伤，所以，它总是选在气候温润、阳光直射不到的丛林或灌丛下的石灰岩地带。据植物学家研究显示，它可能是一种非常喜欢"钙"的植物，在酸性土壤地区很难见到它美丽的身影。

　　这位"蕨"代佳人不但喜欢"钙"还喜欢登"高"，一般情况下，它的生长地区主要在海拔 1500 米左右的石灰岩缝中。

　　由于上述几种生存条件的限制，截基盾蕨分布并不是十分广泛，在我国的贵州、广西、湖南等地方，可以见到它的生长足迹。

最脆弱——连珠蕨

连珠蕨主要分布在菲律宾和我国台湾省。你别看它体形比较大，其实它非常懒呢！为什么说它懒呢？因为它老是依附在别的植物上生长。而且它从不依附体形小的植物，往往选择一些高大的树木。也许你会问：为什么连珠蕨非要依附别的植物生长呢？它自己不会独立生长吗？这是因为连珠蕨的根茎比较短小，又没有叶柄，所以瘦弱的体质决定了它的生长方式。

连珠蕨喜欢生长在森林中，因为森林中有不计其数的高大树木。它们还喜欢生长在高处，通常情况下为 200~600 米。台湾省一些地方气候比较温润，环境比较阴凉，而且没有强烈的光照，土壤也非常肥沃，这对于害怕寒冷且畏惧强光照射的连珠蕨来说，真是理想的生长环境。

连珠蕨喜欢群居。所以，你见到一株连珠蕨的时候，往往会发现它身边有很多的伙伴。

097

稀有种——鹿角蕨

　　动物中有稀有动物，植物中当然也会有稀有植物。鹿角蕨就是这样一种稀有植物。鹿角蕨，又名麋角蕨、蝙蝠蕨、鹿角羊齿。为什么一种植物有这么多类似于动物的名字呢？原因在于，鹿角蕨这种植物的孢子叶长相奇特，就像梅花鹿的鹿角一样，所以给它起名叫"鹿角蕨"。

　　鹿角蕨的生长非常有个性，属于附生植物。它非常喜欢生长在大树的树干或枝条上，这些大树种多为季雨林地带的毛麻楝、楹树、垂枝榕等。好像只有这样它才能活得踏实、自在。

　　它们生长在别的树干或枝条上，又是怎样吸收营养物质呢？原来，它们主要以枯落的树叶或大气中的尘土作为自己的养分；有时，自己的叶子枯落，也成为它的"食物"。

　　鹿角蕨属于珍稀植物品种。由于鹿角蕨附生树木被采伐、生态环境被破坏等因素,导致其濒临灭绝。不过,在我国的云南等少数地区,还可以找到鹿角蕨的身影。

　　作为稀有品种的鹿角蕨对植物学系统的研究有很高的科学价值。为了防止鹿角蕨的灭绝, 国家就在云南建立起了一个自然保护区。除了建自然保护区之外,植物学家还通过研究鹿角蕨的繁殖方法, 来增加鹿角蕨的数量。一般通过分株繁殖的方法来培育更多的鹿角蕨。由于科学还不够先进,所以还无法通过孢子来进行繁殖。

　　不过, 我们人类最好还是通过保护生态环境,给鹿角蕨提供更加好的生存条件,让其通过自然繁殖和生长以避免其灭绝。

中国特有——扇蕨

扇蕨属真蕨亚门薄囊蕨纲水龙骨科，是我国特有的蕨类植物。它属于多年生的草本植物，高约75厘米，根状茎较粗，起保护作用的鳞片为棕色，呈卵状披针形。叶片为扇形、绿色，而且叶面比较光滑。长为10～30厘米，宽为2.5～3厘米。

扇蕨浑身还长有棕色的鳞片和毛被，这些器官的主要作用是用来保护它不受外界的伤害，犹如刺猬浑身长满长刺是一样的道理。看来植物也是有"智慧"的呢！

扇蕨生活的地方气候需要温和，夏天不能炎热，冬天不能寒冷，不过，昼夜或晴雨天的温差可以达到10℃左右。它生活的土壤大多是石灰岩风化形成的红色石灰土、黑色石灰土以及酸性母岩风化而成的褐红壤。在一些常绿阔叶林和针阔混交林的地方，常常能看到扇蕨的踪迹。

100

目前扇蕨所属的水龙骨科的植物在中国大约有 22 属 150 多种。扇蕨也濒临灭绝，在各地能看到的少之又少。于是，一些植物学家建议国家将扇蕨保护起来。之后，国家就将它列为三级保护植物。

分布在中国的西南地区亚热带山地林下的扇蕨，随着森林被人类无休止地破坏，生活环境发生了变化，导致它不能像以往一样生活了，有很多扇蕨已经消亡。如果不加以保护，扇蕨就会从地球上彻底消失。

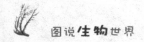

浑身金毛的小可爱——金毛狗蕨

你见过浑身金毛的小狗金毛犬么?你一定会非常喜爱这种可爱的小动物的。其实,蕨类家族里面也有一种可爱的毛茸茸的成员,它的名字叫做金毛狗蕨。

金毛狗蕨既漂亮而又奇特,备受人们的青睐和追捧,被广泛种植于公园和私家庭院里。它的茎干粗壮肥大,常常直立或横卧在土层表面,且布满了10多厘米长的金色绒毛,形、色都酷似金色毛发的狮子狗,惹人喜爱;做成工艺品或盆景,更是自然天成,栩栩如生。

金毛狗蕨的幼叶刚刚发出来且尚未展开时,也被一层金黄色的绒毛密密地包裹着,好似孙悟空紧握着的毛绒绒的猴拳,十分有趣。等到叶片长大之后,又是另一番景观:叶柄坚实有力,长近2米,基部也长满金黄色的绒毛,犹如老仙翁潇洒飘逸的金胡须;叶形优美,整体近似三角形,叶片油亮光泽,四季常绿;尤其值得一提的是,这种叶片在植物学上被人们称为三回羽状复叶,即叶柄长出之后,在它的两侧会生出许多小分枝来,而这些分枝的两侧又会再一次生出许多更小的分枝来,真正的小叶片则是长在最后一层小分枝上,且排列整齐，像羽毛一样。整株看来，金毛狗蕨高大茂盛，株形美观，浓郁的南方风情跃然眼前，呼之欲出，因此在园林造景中，人们特别喜欢用到它，常常将它配置于林下或点缀在山石阴处，也会将它作为大型的室内观赏盆景。

在民间，关于这种神奇的蕨类植物还有一个凄美的传说：在很久以前，在缅甸的森林中有位名叫岩香龙的猎人，他有一条有着金黄色皮毛的猎狗——金毛，这条猎狗勇敢、忠诚，是岩香龙打猎的好帮手。可惜，在一次狩猎大黑熊的时候，金毛猎狗为了营救主人被黑

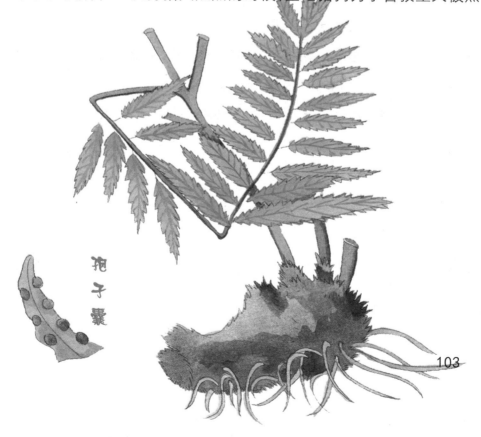

孢子囊

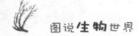

熊重伤不幸身亡。此后,在埋葬金毛的坟墓边上生长出了一种无名的野草,这种野草的根部长满了金黄色的绒毛,跟金毛猎狗身上毛皮十分相似。人们都说这种植物就是金毛的化身,所以都把这种植物叫作"金毛狗"。 直到很多年以后,人们才知道,其实,"金毛狗"是一种蕨类植物,广泛分布于我国南方,印度、缅甸、泰国、印度尼西亚等国也有分布。

众所周知,蕨类植物没有花果,只是依靠长在叶片背面的孢子来繁衍后代,金毛狗蕨当然也不例外。如果采下它的一片叶子(长有孢子的叶片),翻到背面仔细观察,不难发现,在小叶片的边缘,整齐有序地排列着一粒粒比绿豆稍小的"小蚌壳",金毛狗蕨的孢子就悄悄地躲藏在这些"小蚌壳"里面。这些"小蚌壳"的学名叫作孢子囊,它由两片坚硬的盖子合生而成,形状酷似蚌壳,成熟时会自然裂开,那时就更像张开的蚌壳了。因此, 人们也将金毛狗蕨称为"蚌壳蕨"。

"金毛上下,满身是宝"。不仅金毛狗蕨奇特的外形、柔美的枝叶具有很高的欣赏价值外,金毛狗蕨粗大的块茎中像红薯、土豆一样含有丰富的淀粉,在饥荒、战乱的年代,金毛狗蕨的块茎也成为了很多人们救命的粮食,现在还有人将这些金毛狗蕨的块茎酿成美酒饮用。

藏身草丛的灰太狼——狼尾蕨

一丛绿色的羽状枝叶下，伸出来一条毛茸茸的大尾巴，见到这样的场景你会想到什么呢？难道是可恶的灰太狼藏身在草丛中准备伏击小羊们吗？其实，你完全不用担心小羊们的安全问题，这只是一个长着"狼尾巴"的蕨类植物，它有一个野性十足的名字：狼尾蕨。

我们来仔细端详一下这个神奇的蕨类吧，它们长着纤细优美的羽毛状的叶片，柔弱得像一个温婉的女孩，但是如果你看到它们的根部你可能会大吃一惊了。那些横七竖八的根部，上面长满了粗糙的灰白色"狼毛"，像一条条伸出草丛的狼尾巴，那样子还真的有点可怕呢！也许，你会觉得它们的根部又像张牙舞爪的龙爪，也像毛茸

105

茸的野兔的腿，因此，它们还有龙爪蕨、兔脚蕨等两个"绰号"，也都是很形象很贴切的啊。

这种"美女和野兽"的合体搭配让狼尾蕨成为了大家十分喜爱的家庭养殖植物，它们生性喜欢阴暗潮湿的环境，这样的环境中它们能绽放自己最美、最绿的身姿，如果你家里的冬天不是太冷的话，它们会保持一种常绿的状态，想想窗外白雪皑皑，室内绿意盎然，还有一条条十分奇特的狼尾巴伸出来，是一幅多么有趣的室内美景啊。

这种充满了野性与柔美的狼尾蕨既可以养殖在花盆中，让那些灰白色的狼尾伸出花盆之外，若隐若现，也可以将那些杂乱的毛茸茸的根茎做成圆球形，倒挂起来，像一个毛线团一样；也可以让它们跟一些假山、竹木混搭在一起，不管你怎么摆放，不需要太久，这些狼尾蕨的狼尾巴上都会被一些翠绿色的苔藓覆盖上薄薄的一层绿意,仔细观察这个迷人的微缩景观,你仿佛自己也置身于茂密的大森林中了,真是一种非同一般的精神满足。

在野外生活的环境中,狼尾蕨和苔藓是一对好搭档,它们都喜欢那种阴暗潮湿凉快的场所。不过,狼尾蕨像它们的名字一样生存能力极强,一点也不娇气。它们在干旱的环境中也能照样活得生机勃勃的,家里有这样一株植物,即使偶尔偷偷懒少浇点水,是没有大碍的。

狼尾蕨不仅仅在我国有众多的人们喜爱,在我们的邻邦日本,也是一种深受喜爱的家养植物,在日本,狼尾蕨还有一个非常酷的名字——"忍"。"忍"就是"忍者"。

在古代日本的社会,由于社会黑暗、动荡不安,统治者专门设立一个特殊机构,招揽一些社会人员,经过长期残酷、严格的职业训练,而培养出一批效忠统治者或帮派的特战杀手或间谍。它们的职业训练又称"忍术训练",故人们给这些经过"忍术训练"人员一个特殊的称号:"忍者"。因为这种"忍者"能在极其恶劣的环境下生存并能完成统治者或帮派交给的特殊任务,表明他们有极其高的生存能力。而把狼尾蕨比喻成蕨类植物家族中的"忍者",这也是对这种植物能耐干旱、生命力顽强的一个褒奖。

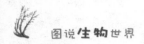
最美丽可人——铁线蕨

这是一种让人看一眼就会顿生怜爱的蕨类植物,它们的体型纤小秀美,枝条柔弱飘逸,那些小巧的叶片像极了微缩版的银杏树叶,它的茎杆又细又黑,很像一根细细的铁丝,还散发出金属的光泽,又像是少女坚韧光亮的乌黑发丝。这种蕨类郁郁葱葱地在家里书桌案头悄然绽放,安静温婉地述说着动人的故事。

这就是蕨类家族中最美丽可人的一位佳人——铁线蕨,它还有一个好听的名字——少女的发丝。

铁线蕨属水龙骨目铁线蕨科铁线蕨属。铁线蕨也是一个大家族,全世界的种类有超过两百种,它们的家族成员大多生长在温带还有热带地区,也可谓香火遍天下。

在民间还有一个关于铁线蕨的动人传说:

在遥远的古时候,有一群骄傲的孔雀生活在一片茂密的大森林中,这些孔雀自恃自己的美丽十分看不起森林里的其他小动物。

不过,它们中间有一只非常谦逊的孔雀,它从来不像别的孔雀那样高傲,它总是在高耸入云的大树下、潺潺的溪流旁、苔藓遍布的山石上,为大家跳着优美的舞蹈,那迷人的舞姿让很多动物为之倾倒。

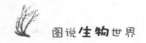

后来，上天的神仙了解到它的事情，就将它变成了一株纤细的植物，如果人们仔细看，会发现这棵小草有着孔雀花冠一样微微卷起的枝芽，它的叶子也像极了孔雀精美华贵的羽毛，在微风的轻轻抚慰下，它慢慢舒展自己的舞姿，人们又仿佛看到了翩翩起舞的优雅的孔雀，因此，这种植物也被大家叫做孔雀羊齿。

后来，经过科学家们的研究，它又有了一个正式的名字——铁线蕨，也就是我们今天要讲的主人公。

确实，那羽毛状鲜翠欲滴的叶片，多像孔雀迷人的羽毛啊，闪耀着丝绸般光泽的黑亮枝条，多像少女的发丝啊，这些都很自然地让人们联想到了孔雀或者豆蔻年华的少女了。

这种看起来非常柔弱的小植物，其实还有非常坚强的一面。很多人在养殖铁线蕨的过程中，由于方法不当铁线蕨会慢慢枯黄，这个时候，如果你觉得它已经寿终正寝了的话，就大错特错了，其实，很多铁线蕨在变化了生活环境的时候，地上的枝叶会因为不适应而干枯，但是它们的地下根茎还保持了充沛的活力，这个时候你只需要剪掉一些枯黄的枝叶，让它们的土壤保持足够的湿润，不过，记得千万不要"水漫金山"，那就走到另一个极端，铁线蕨也是会吃不消的啊。这样一来，过不了多久，一个个铁线蕨的幼芽又会悄悄地冒出头来，重新生机盎然。

怎么样，你是不是更喜欢这种美丽可人的蕨类"美少女"了呢？那就买一盆放在自己的书桌上，感受下这个孔雀化身的蕨类"少女"曼妙的舞姿吧。

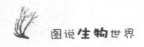

横行霸道——蟹爪叶盾蕨

　　一看到这个名字,你是不是联想到了横行霸道的"螃蟹"?没错,蟹爪叶盾蕨是和螃蟹有一点点的关系。咦?植物和动物有什么关系呢?它们难道是远亲不成?当然不是了,哪有植物和动物是远亲的!它们只不过是都有一个"蟹"字罢了,不过既然叫蟹爪叶盾蕨,那它的叶子长得一定和螃蟹有几分相似之处了。

　　蟹爪叶盾蕨属水龙骨科,为草本蕨类,高 20~45 厘米,最高也就是大家平时用的两根直尺接起来的长度。看来蟹爪叶盾蕨的身材属于那种小巧玲珑型的。

　　蟹爪叶盾蕨的叶子长得像螃蟹的爪子,它的叶片呈现阔卵形,叶子的边缘还有一些不太明显的刺儿,就像是鱼儿的鳞片一样。整片叶子像是被园丁修剪过一般,一缕一缕地分布着,叶脉之间隔着长长的缝隙,整片叶子像是裂开了一样,又瘦弱又狭长,裂开的叶片宽为 0.8~1.5 厘米,那一条条长长的叶脉连着叶肉,极像螃蟹的爪子。

　　不仅如此,它的叶柄和根状茎连结的地方有关节,这能很好地

112

保护它的茎不被风吹断。

蟹爪叶盾蕨的孢子也很奇特，它的孢子囊群是圆形的或是线形的。你一定吃过梨子吧，这些孢子囊群就像是我们吃的梨子一样圆。孢子囊群常常布满它的叶背，看样子很害羞，但是这些孢子囊群又不甘心失去观察外面世界的机会，所以它们没有囊群盖，也许想随时观察外面发生了什么？

从相关植物学知识来看，蟹爪叶盾蕨应该在干旱环境中也能生长，或者说它应该是一种非常耐旱的植物，因为它的叶子那么细小，不就是为了在干旱的环境中保存仅有的水资源吗？通常情况下，这的确是大部分植物的特征。但是，对于蟹爪叶盾蕨来说，却是个例外。它偏偏喜欢生长在山谷、溪边和灌木下阴湿的地方等。也就是说，它不太喜欢被太阳直照，而是喜欢太阳相对小，光照不太充足，但是又有充足的水源的地方。

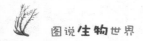

九死还魂草——卷柏

喜欢看武侠小说的人或多或少听说过九死还魂草,可和我们今天要讲的卷柏有什么关系吗?其实,卷柏的别称就叫九死还魂草,它的命很硬,就像周星驰电影里的蟑螂小强一样,打也打不死,渴也渴不死,火辣辣的太阳拿它也没办法。如果它感觉自己生长的土壤水分少,不利于自己生长的话,它的根就会自动从土壤中分离出来,然后卷缩似拳状,风一吹,它就随风到处移动。一旦遇到适合自己生长的环境之后,它的根就会重新钻进土壤里寻找水分。它的耐旱性极强,在长期干旱后,如果你再把它放入水中浸泡,它就可以随即舒展开来,十分神奇,所以大家才给它取名叫九死还魂草。

九死还魂草为什么具有这种非凡的"还魂"本领呢?植物学家给我们揭开了答案:"还魂"的秘密全在于它细胞的生命力十分强,当它生活的环境变得极其干旱的时候,它所有的细胞都像在冬眠中不吃不喝,新陈代谢几乎全部停顿。在得到水分之后,它全身的细胞又会重新恢复正常。

九死还魂草的这种能力可以说是天生的,也可以说是被逼出来的。它一出生,就长在环境恶劣的地方,比如向阳的山坡和岩石缝,那里的土壤贫瘠,蓄水能力很差,给九死还魂草的生长带来了巨大的挑战,尽管它生长水源几乎全靠天上落下的少量雨水,但它仍然在这种恶劣的环境下生存了下来。

九死还魂草还有一个美丽的传说。据说在昆仑山上有一个金光闪闪的天池。在天池岸上,生长着一种能起死回生的仙草。有一年大旱,民间成千上万的百姓因为瘟疫而死亡。住在天池中的龙女看到了百姓在人间遭受灾难,出于同情,把天池岸上的仙草偷偷带到人

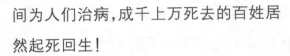

间为人们治病，成千上万死去的百姓居然起死回生！

原来这种仙草就是九死还魂草。龙王知道此事之后，一怒之下把龙女打下人间，以此来惩罚她。龙女来到人间后，为了拯救百姓，她心甘情愿地变成了还魂草。为什么叫它还魂草呢？因为它生命力很强，如果把它晾干，再放入水中时，它可奇迹般地活过来。

被称为九死还魂草的卷柏分为垫状卷柏与卷柏，它们的区别还是很大的，垫状卷柏的特征是须根很多，但是较为分散，叶片左右两侧不太相同，内缘较为平直。卷柏的神奇之处是它很能耐干旱和"死"而复生。它往往生长在干燥的岩石缝隙中或荒石坡上，在这样的

环境中,水分的供应明显不足,仅仅是在下雨时有一些过路水匆匆流过。但卷柏凭借着有水则生的生存绝技,不但旱不死,反而代代相传繁衍生息。是不是很神奇?

在生长的时候,卷柏枝叶舒展翠绿,十分讨人喜欢,努力吸收着难得的水分。一旦失去了水分供应,它就将枝叶拳曲抱团,并失去绿色,像枯死了一样。所以,随着环境中水的有无,卷柏的生与"死"也在交替进行着,因此人们又称它为还阳草、长生草、万年青。科学家则称这种小草为"复苏植物",这个名称是比较形象的,仿佛在干旱时它睡着了,遇到水又重新醒来似的。

水是生命之源,不但动物生活离不开水,植物生活也离不开水。在动物和植物体内含有的水量都是各不相同的。通常来说,生活在水里的植物含水量是最高的,甚至可以达到身体的 98%。如果说身体内含水量最少的,当然数沙漠中的植物了,因为这些地区很少下雨,所以体内根本无法吸收到多少水。一般沙漠中的植物含有多少水分呢? 大约占身体的 16%,再低植物就活不成了。

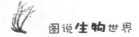

但是,你知道九死还魂草体内水分最少含有多少吗? 说出来肯定让人吃惊,只含有 5% 的水分。5% 的水分对于植物来说,已经是干草了。当九死还魂草体内只含有 5% 的水分的时候,它看起来其实已经干枯了,而神奇的是,你要是给它一些水分,它就能够重新"复活"。

1959 年,日本生物学界发生了一件奇怪的事,他们用九死还魂草做成的标本,在 11 年后竟然奇迹般地"复活"了。我们都知道标本是完全干燥的,这样才容易存放且不腐烂,然而九死还魂草却能在这样的环境下再次"复活",简直是一个奇迹!

在南美洲也有九死还魂草的同类,而且生物学家还研究发现,那里的同类本领比我们知道的九死还魂草本领还要大,它们不但可以在原地假死和复活,而且还会主动离开生长地,去寻找有水的新家。这不是很神奇吗?

在干旱的季节,南美洲的九死还魂草会自己从土壤中挣脱出来,然后全身卷成一个圆球,像小皮球一样,风吹起来的时候,这个小皮球就会随风飘滚前进,等遇上多水的地方,草球就会展开成原状,在土壤中扎下根来。

当然了,当水分缺少的时候,它就会再次背井离乡,外出流浪,寻找适合自己生长的地方,所以它们又被称为"旅行植物"。

最小的蕨类植物——团扇蕨

　　桫椤是世界上最大的蕨类植物，世界上最小的蕨类植物是谁呢？当属团扇蕨了。它是一种附生在树干上的蕨类植物，分布在我国东北、华东、华中、华南以及西南地区，亚洲其他热带、亚热带等地区也有分布。在它细长横走的根状茎上，几乎没有叶柄。它的植株特别小，一般只有 1.2~2 厘米。它还拥有纤细如丝的根状茎。它的颜色大多数情况下呈现出黑褐色，密被黯褐色的短毛。它的叶质非常薄，呈现出半透明状。如果把叶质晒干后，会变成暗绿色，两面都非常光滑，摸上去十分舒服。

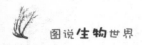

最迷人——贯众

　　贯众在中国是一种比较常见的蕨类植物,可以达到1~2米。它的根状茎是直立生长的,仿佛有一种倔强的气节,绝不低头。而且根状茎比较粗大,密被线形、暗褐色、有光泽的鳞片。

　　贯众的叶子成团地生长在一起,叶片为卵状披针形,不要轻易去触摸它,不然会划伤你的手指。叶片除了锋利之外,长度可达到了1米左右,而且叶柄比较坚硬,坚硬的叶柄保护了整片叶子不受侵害,叶柄的长度大概40厘米。除此之外,在叶子的基部紧密地覆盖着鳞片。这些鳞片是做什么的呢? 那是用来保护叶子基部的。

　　贯众的叶脉很多而且比较密集,这些密集的叶脉保证了贯众能充分地吸收水分,所以贯众的叶子看起来精神饱满,那是富含水分的表现。这些叶脉平行伸出,像少女的手一样,看起来非常纤细、灵巧。

　　贯众长得如此迷人,此时你一定忍不住想要亲眼一睹它美丽的容颜了,其实在中国大部分地区都能看到贯众的身影,日本、朝鲜也有少量的分布。

贯众喜欢生活在温暖湿润、阳光比较充足的地方，在我国的南方，刚好有很多这样的环境。虽然贯众很有魅力，但是它从来不骄傲，性格也很坚韧，如果你把它种在寒冷和干旱的地方，它照样能生长得很好。

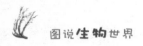

鸟巢状——鸟巢蕨

像人类早期筑巢为家一样,在大自然中,大自然界中的鸟儿们,也常常为自己建造一个简陋的居所。虽然看似简陋,那却是鸟儿费尽千辛万苦得来的。你看那高高挂在树梢和枝头的鸟窝,不但编织有序,而且大都还呈圆形,边缘高高隆起,底部凹陷。但是,你知道吗?那一个个漂亮的鸟巢,还被大自然界的另一种植物复制了下来,这种植物就是隶属于蕨类家族的"鸟巢蕨"。顾名思义,"鸟巢蕨"就像"鸟窝"形状一样,它的整棵株体长得就像鸟窝一样。当然,也有的鸟巢蕨呈现漏斗状。

鸟巢蕨的原产地在热带地区,亚热带地区也有生长,在中国主要分布在广东、海南和云南等地。它身高约为 60~120 厘米,根状茎看起来很短,并且都是直立生长的,还长着很多海绵状的须根,对吸收水分起到很大的作用!叶子聚集成团,且排列在根状茎顶部。

鸟巢蕨属于一种附生植物,它常常附生雨林或季雨林的树干上,有些也生长在这些雨林或季雨林的大树下面的岩石上。很多蕨类植物也属于附生植物,比如那个长相像鹿角的鹿角蕨。但是不一

样的是,作为附生的鸟巢蕨也是一种被附生的植物,它常常也为其他热带附生植物兰花、同族的附生蕨类提供定居的场所。看来这个鸟巢蕨还有一点喜欢"助人为乐"呢!

　　鸟巢蕨的"鸟巢"有什么功能呢? 原来,那"鸟巢"还是鸟巢蕨自己"盛饭"的"饭碗"呢! 为什么这么说呢? 我们还要从它生活的环境说起。鸟巢蕨一般生活在林下的岩石或附生在树干上,每当有枯叶、雨水或鸟粪落下,它就能用它的"饭碗"接着,等这些物质在"碗"里腐烂变质之后,就能为鸟巢蕨提供生长所需要的营养。有了随身携带的"饭碗",鸟巢蕨就不怕"挨饿"了。

　　大自然界就是这么神奇,无论是动物的本能,还是植物的生活本能,都能够给人类的科学研究和发明提供诸多有价值的样板和参考。

最环保——蜈蚣草

肾蕨是薄囊蕨纲肾蕨科肾蕨属的一种蕨类植物,听名字好像不容易使人联想起它是什么样子。而肾蕨是它的大名,是科学上规定的。但是它还有几个小名。也许当你听到这些小名的时候,你就会想象出它长的什么样子了。肾蕨又叫蜈蚣草、蜈蚣蕨、篦子草、飞天蜈蚣、金鸡孵蛋等。

为什么叫肾蕨为蜈蚣草呢? 因为从外形来看,它的叶子密密麻麻地排列在一起,就像长着很多脚的蜈蚣。

说起蜈蚣,很多人都感到很恐怖可怕,而蜈蚣草给人的感觉并非如此,事实上,它却很美观漂亮。叶子呈现浓绿色,非常养眼。初生的幼小叶片就像蜷曲熟睡的婴儿一样呈"拳状",并且表面有一层银白色的茸毛。这和刚出生的婴儿满身都是细软的胎毛相似。等到叶子长大的时候,这些茸毛随之消失,而拳握状的叶片也开始伸展开来。这时叶面变得光滑润泽起来。

蜈蚣草主要分布在热带和亚热带地区,并且喜欢附生在小溪旁边的石缝中或树干上,因为那里气候比较阴凉、潮湿。这些生存条件

不算太高,相比于其他植物,也算非常低的了。用我们人类的话说:"这家伙不挑食、不捡食。"一般的环境下,它都能够生长得很好,所以,在很多地方,我们都能够见到这种植物的身影。说起来,在蕨类植物家族中,它也是比较常见的种类之一了。

这个不挑食的家伙还拥有一样神奇的本领,这本领对于人类而言也非常重要。它能够检测土壤中是否含有砷和铅等重金属元素。

我们知道,砷和铅对人类而言有很大危害,一旦被植物和动物的身体所吸收,人类再吃了这些植物和动物,就有可能中毒。于是,蜈蚣草的好处就出来了——如果将蜈蚣草种植在被砷大量污染的土壤当中,它就会吸收土壤中的砷,从而达到改良土壤的奇效。而且蜈蚣草一年可以种植三次,即便是土壤中再多的砷都能被它吸收干净。

因此,用经过蜈蚣草改良的土地种植庄稼,就不会再含有毒物质砷和铅了。如此一来,我们送蜈蚣草一个"最环保"的称号,也是名副其实的了。

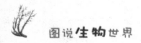

最霸道——卤蕨

虽然现在科学界还没有化石证据表明卤蕨是否与蕨类家族成员，像木贼类、真蕨类一样，在侏罗纪植被覆盖陆地的全盛时期出现，但是，卤蕨依然可以称得上是一种很古老的植物了。

还有一点更值得研究，卤蕨这种植物竟然可以生长在火山喷口的附近。难道说，卤蕨的出现是在晚期侏罗纪地球大运动，导致恐龙这些大型动物都灭亡、四处火山爆发时，练就了它能够在火山喷口的独特环境里生长？这一科学疑问，还需要人类不断研究。

但现在，卤蕨已经被纳入喜水植物的队伍中去了。它常常生长在溪边的浅水中，或者潮湿的地方。如果生长在浅水中，像荷花一样，它的根生长在水中，而叶子透出水面。

但是卤蕨对自然生态却有极大的破坏性，其生长繁殖迅速，还具有较强的攻击性。假如它生长在浅水中，就会排挤原本就生活在这里的其他水生植物。不但如此，它还会对水中生活的动物"大开杀戒"。

这又从何说起呢？原来，卤蕨一旦在哪里生根安家，便会密集、迅速地繁殖小卤蕨，把它周围所有的生存空间都占领掉，用我们常说的一句话就是"连一点呼吸的空间也没有。"那么，生活在水中的鱼类等生物，由于缺乏必要的空间和氧气，最终就会因为缺氧窒息而死。

这些卤蕨还经常神不知鬼不觉地跑到水稻田里，也会致使水稻减产。

因此，在蕨类植物家族中，卤蕨不但最霸道，还是最不招人待见的植物之一。

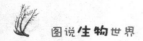

最坚强——石韦

有一种植物叫"石韦"。听名字怎么也不像是一种植物的名字，倒像是一个人名。

但是，石韦的确是一种植物，隶属于水龙骨科石韦属。它还有别称：石皮、牛皮茶、庐山石韦、大石韦、光板石韦等。

石韦很坚强，它不仅是一种简单的植物，也是一种很原始的蕨类植物。

石韦主要生长在营养成分贫乏的岩石上、树干上，乃至屋瓦上。通常情况下，那里只是覆盖着一层薄薄的灰尘，或一片苔藓，它的根茎就生长在这层养分不足，又难以保留住水分的单薄覆盖物下面。

它的形态也简单得有点令人怜惜，一根长长的叶柄上面长着一片"剑"形的叶子。叶柄很有特点，呈四棱状。靠近茎部的叶面成椭圆形，往外延伸叶面逐渐变窄，直到叶尖处变成像一把宝剑的"剑头"，所以整个叶子看起来就像一把宝剑的形状。

石韦属于那种既不开花也不结果的植物，那么它靠什么繁殖后代呢？

128

原来它只是靠生长在叶子背部的孢子繁殖。那些孢子呈棕色的圆点形状。当你看到那些叶子背部分布不均，而呈棕色圆点形的时候，可以判断那就是石韦的生殖器官了。

由于它生长的地带大都属于营养水分贫瘠的地带，所以它非常喜欢雨天，或者说空气潮湿的气候，这时，它会把叶片舒展开来，自由自在地吸吮着雨露。而在干旱期来临的时候，它会把叶子缩卷起来，埋头大睡一觉，用来保持它的体力。直到雨水和潮湿的气候来临，它才会再次舒展开它的叶子。

石韦的叶片也不是特别耀眼，叶片的表面有褶皱，颜色呈淡绿色或黄绿色，虽然看起来没有别的叶片那么翠绿或光亮，但是它一样能够进行光合作用来制造营养。

石韦的叶子背部不但长有圆点形的孢子，还覆盖着一层比较坚实的短毛。这些短毛用手摸上去，就像皮革的毛里儿。

说到这儿，该说说为什么叫它"石韦"了。汉字"韦"字在古代指经过去毛加工的柔皮，《字林》说："韦，柔皮也。"说的就是这个意思。而石韦叶片背部相似于皮革毛里儿的样子，这正是"石韦"这一名字的由来。

而石韦的"石"字，指它生长在石头上。至于"庐山石韦"这个名字，是因为植物学家在庐山发现了这种植物的生长。

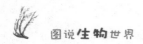

珍稀的地被植物——天星蕨

天星蕨是真蕨纲蕨目天星蕨科天星蕨属的一种多年生陆生地被植物,该种蕨类分布地域极其狭窄,在我国云南的河口县,海拔900米高的雨林中有少量发现。此外,与该气候带相似的印度、缅甸、越南等地区也有少量分布。

在全世界来看,这样的分布地域都很稀少,因而天星蕨便显得弥足珍贵,同时,这种植物对于当地的环境能起到良好的保护作用。作为地被植物,它的功能主要体现在可以覆盖地表、防止水土流失、净化空气、吸附灰尘、减少噪声、消除污染等等,因此,在 1999 年,我国国家重点保护野生植物名录(第一批) 公布,其中天星蕨位列保护级别为二级。

天星蕨还具备一定的观赏价值,它的株体虽然并不高大,但其叶片呈广卵形,靠近叶柄处渐呈心形,其色泽青翠碧绿,看上去十分美观。为了使这种蕨类不至于灭绝,位于云南省的西双版纳州从河口县引进了该种蕨类,经过人工细心培育,天星蕨适应了西双版纳的气候和环境,并能自身长出繁殖的孢子。

最珍稀的水生蕨类——台湾水韭

台湾水韭是水韭目水韭科水韭属的一种水生或沼地生的一种中小型蕨类。台湾水韭的命名原因则在于，在全世界范围内，这种蕨类仅仅生长在我国台湾地区的梦幻湖的浅水地带。

台湾水韭根茎呈块状，它的叶子小而细长，叶长在 7～25 厘米间，就像一天线一样，它的颜色呈鲜绿色，大约 15～90 片叶子组成一束，丛生于球茎顶，呈螺旋状排列。

由于，水韭属是水韭科中唯一生存的遗属，在植物分类学上被列为小型叶蕨类，并且叶脉结构简单，因此，该种在系统演化上有很高的研究价值。作为水生蕨类之一，台湾水韭显得极其珍贵，它被列为我国特有濒危水生蕨类植物之一。

近年，台湾梦幻湖的水质发生恶化，一些繁殖过快的水生植物很快覆盖了湖面，而台湾水韭的繁殖器官在湖水下面无法接受到阳光，导致其无法繁殖后代。为了避免台湾水韭灭绝，台湾方面采取两个措施挽救该种类：其一，依赖人工繁殖；其二，把台湾水韭移植到与梦幻湖相似的水体中，以自然繁殖的方式进行保护。

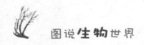

以中国命名——中国蕨

中国蕨是水龙骨目中国蕨科中国蕨属的一种小型旱生蕨类,该种仅仅分布在我国云南的宾川、大姚以及四川的青川、茂汶等少数地区,它们喜欢生长在裸露、干旱的石岩上或者较矮小灌丛中的岩缝里。

由于它的生长地区多为干旱地带,很难吸收到水分,所以,它的叶子通常卷缩成拳状,以避免自身的水分流失。一旦到了雨季来临,中国蕨开始活跃起来,它把叶片伸展开来成常态,以吸收水分。

以中国命名的中国蕨,既是我国特有种,也是稀有种,由于生长环境、繁殖条件、人为破坏等因素,中国蕨的生存现状岌岌可危,1999 年颁布的国家重点野生植物保护名录中,中国蕨被纳入二级保护名单之中。植物学家邢公侠曾对中国蕨作过这样的评价:"中国蕨属 1933 年由丹麦蕨类学家 C.F.A. 克里斯滕森及中国蕨类学家秦仁昌所建立。中国蕨的发现,对研究粉背蕨类群之间的关系有一定意义。"因此,保护好中国蕨对于生态学以及植物学研究等,都有非常高的价值与意义。

最耐寒冷的蕨类——玉龙蕨

　　玉龙蕨是鳞毛蕨科玉龙蕨属的唯一一种，因为它的分布地区主要在中国，因此它又被称为中国特有种。1884 年，植物学家在云南丽江玉龙雪山的雪线附近首次发现该种蕨类，并以该地地名命名为玉龙蕨。随后，植物学家又陆续在我国的西藏波密、云南中甸、四川木里、稻城等地陆续发现玉龙蕨的身影。

　　而发现它身影的地方，有一个共同特征，即在海拔 4000 米以上的高山上。这里通常位于冰川或雪域地带，温度极度寒冷，只有在 7、8 月份的时候，冰雪才稍微融化，这时，生长在石缝或乱石堆中的玉龙蕨才有生长的机会，而这个机会又十分短暂，两个月后，玉龙蕨生活的地区，又进入严寒天气。由此看来，它不但耐寒，还有快速生长的本领。

　　也许这一切都是由自然因素造成的，玉龙蕨常年生活在高山冰川、雪域地带，而不得不进化成"快速生长"的生命体征。玉龙蕨的拉丁文学名叫"Sorolepidium glaciale Christ"，其中"glaciale"的意思就是"冰雪中生的"，这也正道出了其生长环境的重要特征。

最原始——松叶蕨

松叶蕨隶是松叶蕨亚门松叶蕨目松叶蕨科松叶蕨属的一种最古老最原始的陆生高等蕨类。由于松叶蕨长得细小，叶为小型叶，形状如松叶，故名松叶蕨。它们通常喜欢生长在山上的岩石缝中，或者附生在树干上。正是这几个生态特征以及生长特点，它还获得了诸多的称号，诸如松叶兰、铁石松、铁刷把、石寄生、石龙须等。

松叶蕨在我国主要分布在台湾地区的热带或亚热带的雨林里。作为附生植物，松叶蕨无真正的根，只有假根。正是靠着这些假根附生在其他物体之上。那么，它又是怎样吸收营养呢？原来它的体内有菌丝，通俗而言，它与一些真菌共生，真菌会帮助松叶蕨获取营养，而松叶蕨则为真菌提供必要的生存场所。这在生物学上叫做共生。同时，松叶蕨又无真正的叶子，仅有类似叶状的小小凸起物；它的繁殖器官孢子囊通常又生长在枝茎的顶端，并且呈圆球状；这些特点通常都是最古老而原始陆生高等植物的生存特性。

由于松叶蕨亚门的植物大部分已经灭绝，而存活下来的松叶蕨便成为该亚门的"化石植物"。

蕨类王国与蕨类之父

关键词：蕨类王国、蕨类之父、秦仁昌

导　读：为什么中国素有"蕨类王国"之称，为什么秦仁昌先生被誉为"蕨类之父"？而蕨类植物又与秦仁昌先生有什么样的密切关系呢？本章将为你一一解开这些问题的答案。

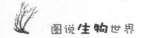

为什么称中国为"蕨类王国"

目前,地球上大概有 12000 多种蕨类,它们中的大多数是草本植物。而生长在我国的大概就有 2600 余种,所以中国素有"蕨类王国"之称。

我国的蕨类植物大多分布在西南地区和长江流域以南。西南地区一般被认为是亚洲,乃至世界上蕨类植物生长的中心地带。在我国云南,蕨类植物种类达到约 1400 种,因此云南是我国蕨类植物最丰富的省份。

我国宝岛台湾虽然土地面积不大,但蕨类植物也有 630 余种之多,台湾算是我国蕨类植物分布比较广的地区,也是世界蕨类植物种类比较多的地区。台湾因受地形因素的作用,才同时拥有热带气候、亚热带气候、温带气候及高山寒原气候,造成台湾拥有多样化的生态环境。多样化的生态环境,使得台湾适合多样化的植物生长,以至于台湾在大约 4000 种的维管束植物中就有大约 630 种的蕨类植物,故而,蕨类植物在台湾植物生态系中扮演着相当重要的角色。

由于台湾漫山遍野都是蕨类植物，因此生活在这块土地上的人们，大多对蕨类植物有基本的了解。

清朝末年，中国被列强欺负，中国有很多值钱的古董，也招来了外国人的抢劫。但是，你绝对不会想到，还有外国人不远万里来到中国，不抢古董，不抢字画，专门来抢我们国家的植物吗？我国的蕨类之多，令国外的植物专家羡慕至极。

在 1840 年鸦片战争之后，外国的植物学家就跑到中国的深山老林之中去寻找他们国家没有的蕨类植物，并将它们带回自己的国家。其中，就有英国、法国、美国、日本等国家的植物学家。这些人抢了中国的植物之后，就带回去研究，还写出了很多研究论文。有人统计，在当时，外国人发表过有关中国蕨类植物的论文有 250 篇。

到了 20 世纪初，有中国"蕨类之父"之称的秦仁昌等中国植物学家开始以中国人的视角研究蕨类，希望早点结束西方学者主宰中国蕨类植物研究的时代。

值得庆幸的是，在这些老一辈的植物学家带领下，中国终于迎来了自己研究蕨类植物的黄金时代，在这一时期内，中国植物学家不畏艰辛、跋山涉水，四处采集蕨类植物标本，并以自己的研究成果重新对蕨类植物系统分类。从此，中国再也无愧于"蕨类王国"的称号，也拥有了一个完整、系统的蕨类植物研究史。

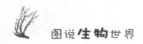

秦仁昌先生小传

秦仁昌(**1898- 1986**年),字子农,江苏武进市人。**1925**年毕业于金陵大学。**1929**年起先后赴丹麦、瑞典、德国、法国、捷克斯洛伐克、奥地利、英国等国进行访问研究。**1932**年回国,曾任北平静生生物调查所研究员、标本室主任,庐山植物园主任,云南大学生物系和林学系教授兼主任。秦仁昌先生主要从事蕨类植物的研究,建立了中国蕨类植物分类系统。对蕨类植物分类学及中国西部荒漠、半荒漠地区的植被区划研究作出重要贡献。著有《蕨类植物图谱》、《中国植物志》(第二卷)等。

在蕨类植物的研究史上,我们不能不提到中国蕨类植物学研究的奠基人——秦仁昌院士。由于他对蕨类植物学多年的深入研究,被国际同行称赞为"中国蕨类植物之父"。

1898年,秦仁昌出生于江苏省武进市的一个农民家庭。他从小热爱植物学研究,并于1914年考进了江苏省的一个农业学校,开

138

始学习植物学分类。5 年之后，他又考进了当时的南京金陵大学的林学系。

作为农民子弟的秦仁昌，他的家境十分贫寒，父母无法为他提供足够的学费和生活费。为了能够不影响学业，他在大学期间开始半工半读。

1927 年秦仁昌成为一名植物学讲师。在当时的中国，植物学研究的人还很少，对于蕨类植物的研究则更少。但是，秦仁昌却惊奇地发现，很多国外的植物学家发表了一些针对中国蕨类植物的研究文章，而这些文章大都是用英文、俄文、日文和法文等语言写成。

中国是世界上拥有蕨类植物最多的国家，作为中国人却对蕨类植物知之甚少，甚至还不如外国人。为了让更多的国人了解蕨类植物，秦仁昌开始刻苦学习多种国家语言，并逐渐地与世界上一些著名的蕨类植物研究学家进行交流沟通。同时，他还深入到蕨类植物繁多的地区进行实地考察。他每去一个地方，就会采集大量的蕨类植物，并将它们做成标本，还会记录下它们的特性以及生长的地理环境。这些标本，为他的研究提供了很多方便。

在经过大量的研究之后，秦仁昌于 1929 年发表了第一篇关于中国蕨类植物的论文。然而，这只是他研究的一个开端。为了能够更加深入地了解蕨类植物，在接下来的几年里，秦仁昌跟随着世界著

名的蕨类分类学大师科利斯登生在哥本哈根大学学习。秦仁昌不仅仅局限于研究中国的蕨类植物,也曾到过柏林、巴黎、维也纳和布拉格等地作过短期有关蕨类植物的研究和访问,希望也能了解到世界各地的蕨类植物。

在国外的三年里，秦仁昌不但收集了大量有关蕨类植物研究的资料，还采集了很多蕨类植物标本。经过一番的整理之后，秦仁昌于1930年编写了《中国蕨类植物志初稿》。全书有70多万字，记载了1200多种蕨类植物，堪称中国第一部比较完整的蕨类植物图书。可惜的是，这本书却没有正式出版。

  如果只是一味地停留在研究理论的层面，是得不到多大的研究成果的。所以，在1934年，秦仁昌开始自己动手养殖蕨类植物了。在当时，他所栽培的蕨类植物不但有国内的，还有国外的，种类大约有7000多种。正是因为自己亲自动手，为他完成30万字的《中国与印度及其邻邦产鳞毛蕨属之正误研究》一文提供了很大的帮助。该文清晰地阐明了蕨类植物的发育系统和亲缘关系。新颖的观点，详细的阐述，引起了各国蕨类植物学家对该文的重视。

  1937年，抗日战争爆发，秦仁昌被迫停下了研究蕨类植物的使命。

  在1938年的时候，他辗转流亡到植物非常丰富的云南。在云南，开始了他新一轮的研究。他首先建立了庐山植物园丽江工作站。为了得到一手的资料，他不畏险峻的山地，走遍云南各地，对蕨类植物进行广泛的调研。为他以后对那些以我国西南山地为分布中心的蹄盖蕨、鳞毛蕨、水龙骨等几个大类群的世界性研究准备了重要的

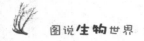

物质基础。

日本侵华战争给中国人民带来毁灭性的灾难,但是并没有阻止秦仁昌继续科研的决心。随后他又在昆明建立起一个蕨类植物研究中心,继续埋头自己的研究。

在 1940 年他发表了《水龙骨科的自然分类》一文,在国际蕨类植物学界引起了轰动。该文有力地推动了蕨类植物系统学研究的发展,解决了当时蕨类植物学中难度最大的课题,后来被称为"秦仁昌系统",还获得了荷印隆福氏生物学奖。

1945 年他被聘为云南大学生物系和林学系教授兼主任。

1954 年他发表了《中国蕨类科属名词及分类系统》,为当时全国各大标本室所采用。

1955 年他被选为中国科学院学部委员,并成为北京中国科学院植物研究所研究员兼植物分类与植物地理学研究室主任。秦仁昌走到哪里,就将自己的工作室带到哪里。在北京建立的工作室里,秦仁昌有了更大的雄心,又开始了自己宏大的科研计划。

当时中国在蕨类植物的研究上,远没有国外的成熟。为了赶上国外,秦仁昌一边深入自己的研究,一边还培养了一批热爱植物研究的研究人员。

1959 年他被选为中国植物志编委会委员兼秘书长。此时已经

61岁的秦仁昌依然坚守在科研的岗位上。随后他出版了《中国植物志》(第二卷)。

在他的一生当中，他从来没有停止过对蕨类植物的研究工作，时刻关注着国际植物学研究的新动态，收集分类学、形态学和细胞学等各方面的有关资料，从中不断地学习，修正自己知识的不足，使自己的分类系统更加趋于完善。

1978年，经过长时间的酝酿，《中国蕨类植物科属的系统排列和历史来源》得以出版。该书在蕨类研究史上又有一个新突破，被全国植物学界和标本室普遍采用。

1989年，秦仁昌被国家授予中国科学院自然科学奖一等奖。

他不仅仅局限于出版自己的研究成果，还致力于翻译国外的一些著作，希望能够让国内热爱研究蕨类植物的研究者能够获取更多的知识。他翻译过《韦氏大辞典》，编写的《中国高等植物图鉴》中的蕨类植物部分和杜鹃花科部分被广为使用，其中杜鹃花部分在美国已被译成英文本。60多年来他共发表论文160多篇，出版专著和翻译书15本。

秦仁昌于1986年7月22日病逝于北京，享年88岁。他的去世意味着蕨类植物研究史上的一颗耀眼的明星陨落了。

不过，让我们庆幸的是，秦仁昌院士在生前为中国培养了一大批的植物研究者,他们将继承秦仁昌院士对蕨类植物的研究以及对科研执著的精神。